艺术设计新视点·新思维·新方法丛书

纺织品图案
设计与应用

TEXTILE PATTERN
DESIGN AND APPLICATION

周 慧 主 编

吴训信　王明星　副主编

朱 淳　丛书主编

化学工业出版社

·北京·

丛书编委会名单

丛书主编：朱　淳

编委会成员（按姓氏汉语拼音排序）：陈　敏　陈雯婷　段卫斌　冯　源　黄伟晶　黄雪君　李　颖　刘秉琨　彭　彧　王明星　魏志成　吴训信　闻晓菁　严丽娜　于　群　张　琪　张　毅　周　慧

内容提要

本书介绍了纺织品图案的题材与风格、构图与接版、常用技法与特种技法、色彩的设计与搭配和针对不同工艺进行图案设计等，并列举了纺织品图案设计的实例，读者可有效地掌握纺织品图案设计的方法，将其应用于服装面料、服饰面料和家纺面料等领域。

本书内容详细、清晰、时尚、新颖、实用，适合从事家纺和服装面料设计人员和业余爱好者的使用，也可作为高等院校相关专业教学用书。

图书在版编目（CIP）数据

纺织品图案设计与应用／周慧主编．—北京：化学
工业出版社，2016.9（2018.3 重印）
（艺术设计新视点·新思维·新方法丛书）
ISBN 978-7-122-27817-3

Ⅰ．①纺… Ⅱ．①周… Ⅲ．①纺织品－图案设计
Ⅳ．① TS194.1

中国版本图书馆 CIP 数据核字（2016）第 185430 号

责任编辑：徐　娟　　　　　　　　　　装帧设计：刘丽华
责任校对：程晓彤

出版发行：化学工业出版社（北京市东城区青年湖南街13号　邮政编码100011）
印　　装：北京京华虎彩印刷有限公司
889mm×1194mm　1/16　印张10　字数250千字　2018 年 3 月北京第 1 版第 2 次印刷

购书咨询：010-64518888（传真：010-64519686）　　售后服务：010-64518899
网　　址：http：//www.cip.com.cn
凡购买本书，如有缺损质量问题，本社销售中心负责调换。

定　　价：58.00元

丛书序

在世界范围内，工业革命以后，由技术进步带来设计观念的变化，尤其是功能与审美之间关系的变化，是近代艺术与设计历史上最为重要的变革因素。由此引发了多次与艺术和设计有关的改革运动，也促进了人类对自身创造力的重新审视。从19世纪末的"艺术与手工艺运动"（Arts & Crafts Movement）所倡导的设计改革，直至今日对设计观念的讨论，包括当今信息时代在设计领域中的各种变化，几乎都与技术进步与观念的改变有关。这个领域内的各种变化：从设计对象、设计类型、空间形态、功能定位、材料选择、制造技术，到当今各种信息化的交互界面、设计手段、表达方式等，都是建立在技术进步和观念改变的基础之上。

原本在这一过程中几乎被排斥在外的中国，在上个世纪末，终于以一种前所未有的速度，跨越了西方世界几乎徘徊了一百多年的过程，迅速融合到了这一行列之中。其中一个重要的标志便是在几年之前出现的，这就是在国家对学科门类的调整中，以艺术学由一级学科上升为学科门类，并由此引发一系列的学科调整，其中艺术设计学科由原来的美术学二级学科下属的"专业"调整为与"美术"并列的一级学科。2011年3月教育部颁布的《学位授予和人才培养学科目录》首次将设计学由原来的二级学科目录列为一级学科目录。这种由观念改变到体制改变的过程，反映了社会对设计人才需求的增长。面对这样的改变，关键是我们的设计教育是否能为这样一个庞大的市场提供合格的人才。

时至今日，设计的定义已经不再是仅用"艺术"与"功能"或"技术"的关系即能简单概括了。包括对人的行为、心理的研究；时尚和审美观念的了解；设计对象与类型的改变；对功能与形式新的认识；技术与材料的更新，以及信息化时代不可避免的设计方法与表达手段的更新等，一系列的变化无不在观念和技术上彻底影响着设计的内容和方式。

在设计教育领域，最直接反映这种变化过程的，莫过于教材的更新和内容的拓展。由于历史的原因，中国这样一个大国，曾经在相当长的时期内，设计教育几乎都奉行着一种"统一"的规范，材料的编纂也是按照专业来限定的，虽然从专业的角度上有利于保证教学的专业深度，但同时也在无形中限制了专业之间的融合和拓展。而这种专业界限之间的"模糊"与"融合"正是当今设计领域发展的一个总的趋势。中国经济的高速发展及全球化的进程，已经对中国的设计教育的进步形成了一种"倒逼"的势态，经济大国的地位构成了对设计人材的巨大的市场需求。而设计教学能否跟上日新月异的变化，其中一个重要的原因就是教材的更新与拓展。

本丛书的编纂正是基于这样一个前提之下。与以往的设计专业教材最大的区别在于：以往教材的着眼点大多基于某一专业的限制范围，而忽略各不同专业之间课程的共同性特点；注重对某一特定专业的需求，而忽略了不同专业之间对知识融会贯通的可能性，因而造成应用面狭窄，教材类型单一，教学针对性差的状况。本丛书特别注重设计学科不同专业方向在基础课程教学上的共性特点，同时更兼顾到不同专业方向之间的融合，以及各门课程之间知识的系统性和教学的合理衔接，从而形成开放性的教材体系。在每本书内容的设置上也充分考虑到各专业领域内的最新发展，并兼顾到社会的需求。本丛书开放的系列涵盖不同专业基础教学的课程，并注意提供有特色和创意的新课程，以求打破原来设计教育领域内僵化的专业界限；同时注重于对传统艺术与工艺的重新发掘，为当代设计开启回溯传统经典的门户。

本丛书以课程教学过程为主导，以文字论述该课程的完整内容，同时突出课程的知识重点及专业的系统性，并在编排上辅以大量的示范图例、实际案例、参考图表及最新优秀作品鉴赏等内容。同时在编纂上还注重使受教育者形成相对完整的知识体系，采用便于自主学习及循序渐进的教学梯度，能够适应大多数高校相关专业的教学需要，还能够满足教学参考资料的需求。同时也期望对众多的从业设计人员、初学者及设计爱好者有启发和参考作用。

本丛书系列的编纂得到了化学工业出版社领导和各位工作人员的倾力相助。希望我们的共同努力能够为中国设计教育铺就坚实的基础，并达到更高的专业水准。

设计，是造物的灵魂；亦是文明的物化。在中国文化伴随着中国经济而再次成为世界文化贡献者的进程中，如何构建起既符合现代生活需求，亦契合以人为本人文思想的设计教育体系，是设计专业的责任，也是时代的课题。

朱　淳

2016年5月

前言
Preface

纺织品是我们日常生活中不可缺少的一部分，涉及人们衣、食、住、行的方方面面，主要包括服装、服饰配件、家用纺织品、汽车用纺织品等。好的纺织品图案设计，可以美化我们的衣着和家居空间等，使纺织品在满足人们实用需求的同时，也能提供美的享受，从而提高消费者的生活品质。

本书系统地介绍了纺织品图案的基础知识、设计方法、工艺表现等，并结合了许多应用实例，可以为相关专业的学生、设计人员和兴趣爱好者提供参考。

本书是编者多年来从事纺织品图案设计课程教学的成果积累，书中部分插图是历届学生的优秀作品，包括苏州大学艺术学院2005～2012级染织专业和2013级产品专业的学生作业，由于图片数量较多，未能一一标出作者姓名，敬请谅解！本书的顺利完成还要感谢化学工业出版社的大力支持，感谢苏州大学艺术学院张晓霞老师和徐舫老师提供的图片，感谢苗海青老师在真丝手绘材料和染料上提供的热情帮助。另外，书中部分图片来源于网络和镇湖绣品街、南通家纺城实地考察，在此一并深表谢意！

由于编写时间较为紧张，编者水平有限，书中不足之处在所难免，恳请同行专家和读者指正。

周　慧
2016年7月

目录
contents

第 1 章　纺织品图案概述　001
1.1　纺织品的概念和范畴　001
1.2　纺织品图案的分类　005

第 2 章　纺织品图案的题材与风格　013
2.1　纺织品图案的题材　013
2.2　纺织品图案的风格　021

第 3 章　纺织品图案的构图与接版　027
3.1　构图的类型与特点　027
3.2　接版的方法与特点　030

第 4 章　纺织品图案的表现技法　033
4.1　常用技法　033
4.2　特种技法　038

第 5 章　纺织品图案的色彩搭配　047
5.1　主色调　047
5.2　流行色　055

第 6 章　纺织品图案的工艺表现　059
6.1　印花图案　059
6.2　织花图案　064
6.3　刺绣图案　075
6.4　手工染织图案　086

第 7 章　纺织品图案的配套设计　099
7.1　花型的配套　099
7.2　色彩的配套　100
7.3　风格的配套　101
7.4　综合配套　102

第 8 章　纺织品图案的应用实例　103
8.1　在服饰面料上的应用　103
8.2　在家纺面料上的应用　119

参考文献　154

第 1 章 纺织品图案概述

1.1 纺织品的概念和范畴

纺织品是用棉、麻、丝、毛等纺织纤维经过加工织造而成的产品，主要包括衣着用纺织品、家用纺织品和产业用纺织品三大类型。中国是个纺织大国，也是世界上最早生产纺织品的国家之一。

本书主要研究衣着用纺织品和家用纺织品的图案设计与应用。

衣着用纺织品

衣着用纺织品包括服装面料、领衬、里衬、松紧带、缝纫线等，必须具备实用、舒适、卫生、美观等基本功能，根据气候环境的特殊情况有时要求具有特殊功能，以保护人们的安全和健康。

衣着用纺织品图案主要是指针对或应用于服装及服饰配件的装饰设计或装饰纹样。它所涉及的范围很广，包括各种服装的匹料、件料的图案设计（图1-1）；各种天然和人造皮毛、皮革以及棉、麻、丝、毛等织物面料的拼接设计（图1-2）；各种编织服装的装饰（图1-3）；各种抽纱、镂花服装的装饰等（图1-4）。

图1-1 服装件料图案

图1-2 服装拼接图案

图1-3 编织图案
图1-4 镂花图案

图1-5 地毯

图1-6 纤维艺术

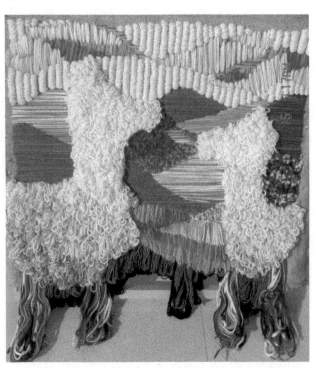

家用纺织品

家用纺织品也称装饰用纺织品或室内纺织品，是对人们生活环境起美化装饰作用的实用性纺织品，主要应用于家庭和公共场所，公共场所包括宾馆、酒店、剧场、舞厅、飞机、火车、汽车、轮船、商场、公司、机关等许多场合，对于美化、改善环境，提高人们生活、工作的舒适性起到了很大的作用。室内纺织品具备三大特性：一是装饰性，通过织物的色彩、图案、款式、风格、质感等来体现，同时也要注意与装饰对象、周围环境的协调与统一；二是实用性，它同艺术品不一样，属于实用纺织品，虽然好的装饰用纺织品或好的装饰设计布置能给人以艺术享受，但它们必须满足实用的要求，要方便使用、尽量耐用，符合消费者对舒适性方面的需求；三是安全性，不仅是家居用纺织品，而且在人群聚集的宾馆、酒店、车船、飞机等场合使用的纺织品都尽量阻燃，有的还应该防静电、防有害化学物质对人体的伤害等，确保安全可靠。

家用纺织品图案是用来装饰室内环境中的各种纺织品，使它们既实用又美观，好的家用纺织品图案设计还可以和室内硬装相得益彰，共同营造舒适温馨的家居氛围。

家用纺织品所涵盖的范围也很广，一般来说，包括以下七大类。

① 地面装饰类纺织品，如地毯等（图1-5）。

② 墙面贴饰类纺织品，如壁纸、墙布、纤维艺术品等（图1-6）。

③ 挂帷遮饰类纺织品，如窗帘、帷幔等（图1-7）。

④ 家具覆饰类纺织品，如沙发布、沙发套、椅垫、椅套、台布等（图1-8、图1-9）。

⑤ 床上用品类纺织品，如床单、床罩、被套、枕套、毛毯等（图1-10、图1-11）。

图1-9 桌布椅套

图1-10 床上用品

图1-7 窗帘

图1-8 沙发

图1-11 枕头

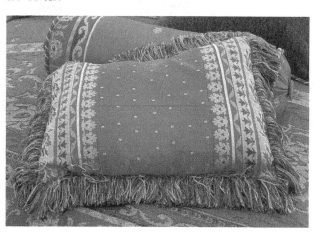

图1-12 餐厅用品

⑥ 餐厨用品类纺织品，如桌布、餐巾、方巾、围裙、防烫手套等（图1-12、图1-13）。

⑦ 卫生盥洗类纺织品，如毛巾、浴巾、浴帘、地巾等（图1-14）。

图1-13 餐巾

图1-14 毛巾

1.2　纺织品图案的分类

纺织品图案丰富多彩，种类繁多，可以从不同的角度去进行分类。

按空间形态分类

纺织品图案按空间形态可分为平面图案和立体图案。平面图案即面料的平面装饰，如图1-15中裙子上的条纹图案就属于平面装饰。立体图案指用面料制成的褶皱、立体花、立体纹饰、蝴蝶结、纽扣装饰、缀挂式装饰等。图1-16是采用蓝色轻薄透明面料制作而成的立体几何纹，具有现代时尚感。图1-17中上衣上的大褶皱、圆形立体花边和裙子上的蝴蝶结，以及图1-18中腰部和肩部的缀挂式装饰都采用了立体装饰的手法，形成富有动感的立体图案。

图1-15 平面图案

图1-16 立体图案1
图1-17 立体图案2
图1-18 立体图案3

按构成形式分类

纺织品图案按构成形式可分为独立式图案和连续式图案。独立式在服装面料上往往体现为局部装饰或件料的设计，如图1-19中主要对服装的领部、袖口和衣摆三个局部进行了装饰。独立式图案在家纺面料上即为独幅花样设计，也称定位花，目前许多床品、窗帘和抱枕等都会采用独幅或定位花设计的形式，形成整体大方的装饰特点。图1-20为独幅的床品被面设计，花卉、蝴蝶、仙鹤等题材自由组合，加上画面虚实层次的对比与结合，构成独立式花样；图1-21为其效果图，给人富贵华丽之感。连续式图案通常有两种形式，即二方连续图案和四方连续图案。二方连续是由一个单位纹样横向或纵向无限延伸而来，可以构成散点式、波状式、接圆式、折线式、倾斜式和复合式等样式，用来装饰服装的领口、袖口、下摆、腰、裙摆等部位，以及家纺的局部装饰等（图1-22、图1-23）；四方连续就是前面提到的匹料设计，由一个单位纹样按照一定的骨骼向上下左右四个方向无限延伸而成，可以形成散点式、连缀式、综合式等样式，是纺织品图案设计中最常见的组织形式（图1-24、图1-25）。

图1-19 服装局部装饰

图1-20 独幅被面设计

图1-21 独幅床品效果图

图1-22 裙摆二方连续设计

图1-23 靠垫二方连续设计

图1-24 家纺四方连续设计

图1-25 服装四方连续设计

图1-26 印染图案

图1-27 编织图案

按工艺制作分类

纺织品图案按工艺制作可分为印染图案、织花图案、编织图案、拼贴图案、刺绣图案、手绘图案等（图1-26～图1-31）。

按装饰对象分类

纺织品图案按装饰对象可分为服饰图案（领部图案、背部图案、袖口图案、前襟图案、下摆图案、裙边图案、丝巾图案、领带图案等）和家纺图案（床上用品图案、窗帘图案、靠垫图案、地毯图案、桌布图案等）。

按装饰题材分类

纺织品图案按装饰题材可分为具象图案和抽象图案，或者具体分成花卉图案、风景图案、动物图案、人物图案、器物图案、几何图案、文字图案和肌理图案等（图1-32～图1-39）。

图1-28 织花图案

图1-30　拼贴图案

图1-29　刺绣图案

图1-31　手绘图案

图1-32 花卉图案

图1-34 建筑风景图案

图1-33 动物图案

图1-36 人物图案

图1-37 几何图案

图1-35 器物图案

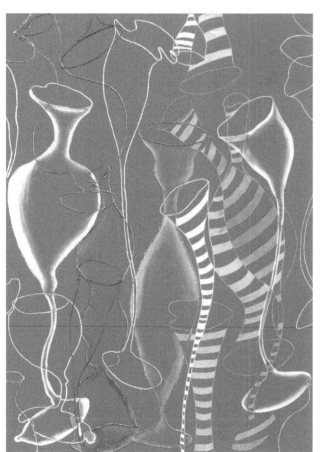

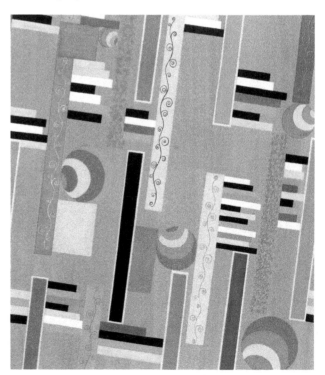

图1-38 文字图案

图1-39 肌理图案

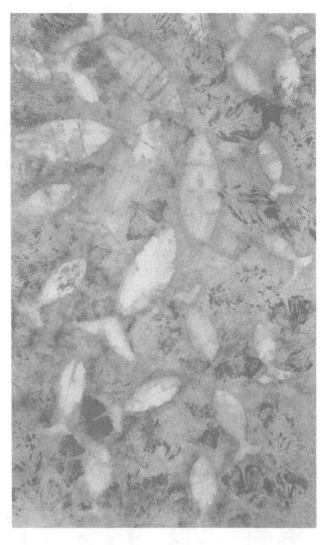

第 2 章　纺织品图案的题材与风格

2.1　纺织品图案的题材

植物题材

在纺织品图案中，植物题材是最为常见、应用最广的一种题材，无论在服饰面料还是家纺面料上，都处处可见造型优美的花花草草、瓜果蔬菜等，它们或写实、或变形、或呈立体花，装饰形态生动有趣，装饰形式多种多样。图2-1是以栀子花为题材，绿色为主色调，用小红果加以点缀，使图案清新自然，仿佛飘出阵阵清香。图2-2和图2-3分别是印有该图案面料制作而成的靠垫和床上用品，营造出自然舒适的家居空间，给人春天般的感受。

图2-1 栀子花题材

图2-2 栀子花图案靠垫

图2-3 栀子花图案床上用品

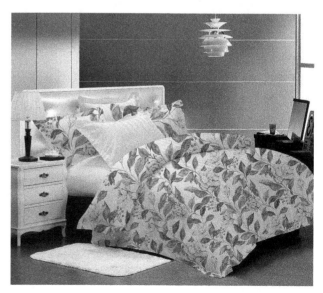

图2-4 龙凤题材

图2-5 鸳鸯题材

图2-6 鱼、喜鹊、兔等题材

动物题材

在纺织品上，动物题材的应用虽然也较常见，但远不如植物题材那么广泛，这是由于人们具有视觉习惯，使得动物题材的图案方向性较强，而且也不适合随意分解组合，从而在构图和布局时受到一定的限制。动物题材有五颜六色的海洋生物和色彩斑斓的飞禽走兽等。古代织物上动物纹较多，因为很多动物具有吉祥寓意而备受人们亲睐，不少传统动物纹样也一直沿用了下来，如龙、凤、鸳鸯、鱼、喜鹊、蝴蝶等，在婚庆纺织品中尤为常见。图2-4中龙凤与双喜等结合，营造出非常喜庆吉祥的气氛；图2-5中以鸳鸯为主要装饰题材，寓意夫妻恩爱、美满幸福；图2-6中的靠枕借鉴了剪纸的艺术特点，以鱼、兔、喜鹊等为题材，也给人祥和喜庆之感。动物题材在服装上也不少见，如图2-7和图2-8。此外，动物毛皮纹应该也属于这一类题材，如斑马纹、豹纹、虎皮纹、蛇皮纹、鳄鱼纹等（图2-9、图2-10），因为大多动物都带有造型多姿而丰富的美丽斑纹，将这种肌理运用在服装、围巾、鞋帽、手袋上具有一种独特的野性艺术魅力，已成为当今人们追崇时尚的宠儿。

图2-7 蝴蝶题材

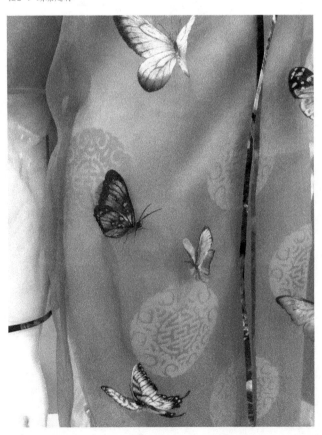

人物题材

人物题材装饰在纺织品上，一般有两种形式：一是采用夸张、简化、添加、分解重构等手法将人物形象进行变形处理（图2-11）；二是直接将人物头像或全身动态使用不同工艺装饰在面料上，这种装饰形式在服装面料上较为多见（图2-12）。

图2-8 花鸟题材
图2-9 动物毛皮纹1

图2-11 人物题材1

图2-12 人物题材2

图2-10 动物毛皮纹2

风景题材

自然风景可谓万紫千红、绚丽多彩。一年四季，春天百花齐放，斗丽争妍；夏天阳光灿烂，绿荫如盖；秋天层林尽染，硕果累累；冬天红梅盛开，白雪皑皑。还有那美丽广阔的江河湖海、秀美典雅的群山峻岭、微妙细腻的矿物世界、群星璀璨的广袤夜空等，都是纺织品图案取之不尽、用之不竭的设计灵感来源（图2-13）。

图2-13 风景题材

图2-14 帆船抱枕

其他题材

纺织品图案的题材可以说包罗万象，除了上面提到的植物、动物、人物和风景之外，还有许多其他类型的题材，如器物、几何形、文字和肌理等。

器物题材相当广泛，有给我们出行带来方便的各种交通工具，如飞机、轮船、汽车、摩托车、自行车等（图2-14），另外，由于儿童喜欢这些交通工具玩具模型，所以在男孩童装和儿童床品上也会使用这些题材，并运用卡通造型，深受孩子们喜爱，如图2-15和图2-16儿童床品的设计；有给我们生活提供便利的日常用具，如餐具、茶具、瓶瓶罐罐等，图2-17在肌理丰富的深蓝色底纹上采用白色绘制出精致的花瓶和装饰花纹，图案经典而耐看；还有各类专业用品，如乐器、体育用品、美术用品、文具等。这些都可以以写实或变形的形式出现在纺织面料上。

图2-15 儿童卡通玩具题材

图2-16 卡通玩具图案床品

几何形也是纺织图案的一大题材，表现为基本元素点、线、面的有机结合，其应用之多可以说仅居植物题材之后，因为它简洁、大方、现代、时尚的特点长期以来都一直受到不同时代消费者的亲睐。最常见的几何形图案是格子纹和条纹（图2-18、图2-19），规则的几何纹可以给人整体、平稳感，也可以通过其大小、粗细、疏密、曲直、长短、宽窄、轻重和虚实的变化形成不规则的几何纹，以增添图案的灵活性与动感（图2-20），还可以用几何形与其他元素相结合构成图案，装饰在服装或家纺上，图2-21采用不规则几何形和具有虚实变化的心形叶片组合，使装饰图案富有很强的节奏感与韵律感。

文字，包括汉字和其他外来文字，在服装、鞋帽、包包、围巾、领带、沙发布艺、抱枕和床上用品等上面都时常可见（图2-22）。因为文字的字形、字体丰富多样，所以它既可以纯文字装饰，也可以与其他题材结合起来美化织物。

图2-17 花瓶题材

图2-18 规则格子纹

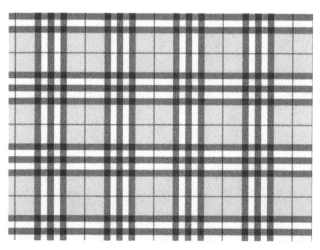

图2-19 规则条纹

图2-20 不规则条纹

图2-21 不规则几何纹床品

图2-22 文字题材

肌理图案是一种非常抽象的装饰形式，如石之纹、木之理、水之波、云之状等，将这些自然肌理运用在纺织品上能给人返朴归真、回归自然的感觉。图2-23肌理图案的灵感来源于手机碎屏，结合水彩撒盐技法，创造出细腻丰富的艺术效果，图2-24和图2-25分别是此肌理图案换色而成的壁纸和家纺设计。肌理图案与其他图案不同，制作时很难一次性取得成功，而且每次的效果都不可能完全相同，需要反复尝试，直到效果满意为止。所以，肌理图案最大的特点就是不可重复性、偶然性和独特性。另外，面料再造可以创造出一些视觉新奇、触觉明显的肌理装饰效果（图2-26～图2-29）。

图2-23 肌理图案

图2-24 肌理图案壁纸

图2-25 肌理图案家纺

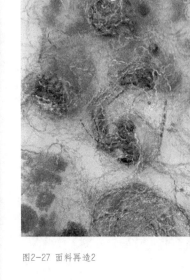

图2-27 面料再造2

图2-28 面料再造3

图2-26 面料再造1

图2-29 面料再造4

2.2 纺织品图案的风格

田园风格

田园风格是一种贴近自然、向往自然的风格，它倡导"回归自然"，认为只有崇尚自然、结合自然，才能在当今高科技快节奏的社会生活中获取生理和心理的平衡。因此,田园风格力求表现悠闲、舒畅、自然的田园生活情趣。田园风格最大的特点就是朴实、亲切和实在。它反对虚假的华丽、繁琐的装饰和雕琢的美；它摒弃了经典的艺术传统，追求田园一派自然清新的气象，在情趣上不是表现强光重彩的华美，而是纯净自然的朴素，以明快清新具有乡土风味为主要特征，以自然朴素的色彩表现一种轻松恬淡的、超凡脱俗的情趣。田园风格图案18世纪在欧美已极具规模，有英式田园风格、法式田园风格、美式田园风格等。

田园风格图案设计的灵感来源于大自然，花草、树木、瓜果、蔬菜等，都是其取之不尽、用之不竭的素材。田园风格的图案多以粗棉布、灯芯绒、牛仔布等棉、麻、毛天然织物为材料，以印花、织花、拼接、刺绣为主要工艺，以褶皱、荷叶边、缎带等为装饰，呈现出清新质朴、自然随意、温馨甜美、平和内敛、宁静和谐的特点，在自然和略带怀旧中追求一种浪漫的理想情愫，被广泛运用在服饰、室内纺织品和壁纸等设计中。

典型的田园风格图案主要有方格纹、色织条纹、小碎花纹、花束纹等。图2-30为红白方格与小碎花组合而成的餐厅用纺织品，由桌布、靠垫、椅垫和餐巾等构成典型的田园风格。图2-31为色织条纹面料，色彩明亮、条纹粗细富有变化，体现出简约的田园特点。图2-32中的小碎花为田园风格中的代表图案，这种面料与褶皱花边相结合制作而成的床上用品可以让卧室散发出一股清新的田园气息（图2-33）。图2-34为纺织品设计中使用最广泛的花卉题材，也是田园风格中的主要题材，此图案采用水彩技法，表现出了花卉轻盈剔透的特点。

图2-30 方格田园风

图2-31 条纹田园风

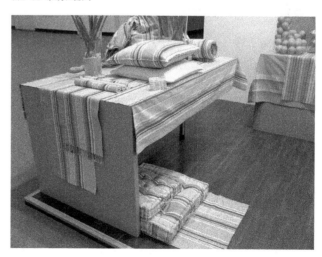

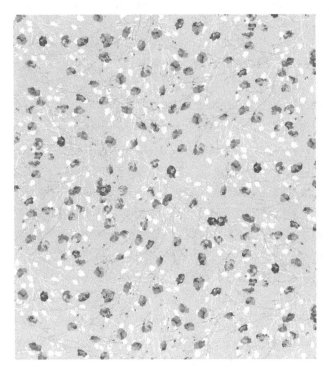

图2-32 小碎花田园风

图2-33 小碎花田园风格床品

图2-34 花卉田园风

古典风格

　　古典风格图案泛指运用古典艺术特征进行设计的图案。图案源于古典主义，以古希腊、古罗马为典范的艺术样式，自18世纪末起一直影响至今。古典风格的图案强调表现经典格式，造型完美、色调沉稳，具有理性而严谨、内敛而适度、富丽而精致、平衡而内在等艺术特征（图2-35、图2-36）。这种风格的图案代表了一种文明与文化，有着深厚的文化意蕴，题材涉及动植物、人物和佩兹利（图2-37）等传统纹样，以织造、印花、刺绣、蕾丝等工艺为主要表现手段。

图2-36　古典风格2

图2-37　古典风格3

图2-35　古典风格1

图2-38 现代风格1

现代风格

　　现代风格是一种比较流行的风格，追求时尚与潮流。现代风格图案是指受现代主义风格影响的染织图案样式，图案源于20世纪西方的"现代主义"，它是反传统的各艺术流派的统称，强调表现对现实的真实感受。图案由意象或抽象的曲直线组合造型构成。造型夸张变形，色彩浓重艳丽或黑白极色对比，注重形式与技法的表现，呈现时尚而前卫、简洁而对比、数理而节奏等艺术特征，广泛应用于各种时尚或休闲的服饰与家纺设计中。图2-38中的紫色调床品运用多种现代装饰手法，如编织、拼贴、立体装饰、块面分割和刺绣等，使整套床品整体大方而又款式丰富多样。图2-39和图2-40采用了简约时尚的几何图案进行装饰，具有很强的形式感和节奏韵律感。

图2-39 现代风格2

图2-40 现代风格3

民族风格

民族风格图案是指运用传统民族艺术特征进行设计
的图案。全世界有两千多个民族，图案可以反映各民族
的历史、文化和审美特性，成为不同民族的特有标志。
中国传统蓝印花布、日本的友禅纹样、印尼的爪哇蜡染
纹样等都是典型的民族风格图案（图2-41～图2-43）。

民族风格图案造型多样，涉及写实花卉、抽象几何
纹等，图案被赋予寓意和象征性，色彩浓郁对比，呈现
质朴、热烈、健康以及怀旧而神秘的艺术特点（图2-44
～图2-46）。采用印花、手绘、扎染、蜡染、刺绣、编
结、梭织等手工艺表现形式，常见于许多传统服饰与家
纺设计中，也是现代都市人追求个性与浪漫的图案风格。

图2-42 民族风格2

图2-41 民族风格1

图2-43 民族风格3

图2-44 民族风格4

图2-45 民族风格5

图2-46 民族风格6

第 3 章　纺织品图案的构图与接版

3.1　构图的类型与特点

　　纺织品图案的构图是指各图案要素在整幅画面中的分布情况和所占比例。我们通常把纺织品图案上的图形称为"花"，把底色称为"地"，根据"花"与"地"所占比例大小的不同，可以把纺织品图案的构图分为清地构图、混地构图和满地构图，这三种不同形式构图的特点也大相径庭。

清地构图

　　清地构图中"花"与"地"所占面积悬殊较大，即图形所占面积较小，留有大面积底色。这种构图的特点是花纹与底纹特别分明，简洁美观，给人清新明快感。最常见的有小碎花面料，如图3-1所示，这种面料适合做女式上衣、裙子、床品和窗帘等（图3-2～图3-5）。

图3-2 清地构图上衣

图3-3 清地构图裙子

图3-1 清地构图

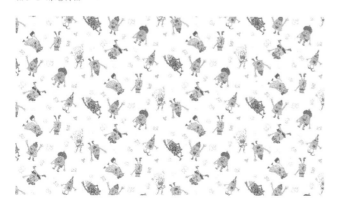

图3-4 清地构图床上用品

图3-5 清地构图窗帘

混地构图

混地构图中"花"与"地"所占面积相当，布局比较均匀，花纹与底纹也层次分明。这类构图要注意图形穿插自如，色彩搭配平衡，画面均衡不偏色不偏重。如图3-6和图3-7两幅图案均为混地构图，图3-8和图3-9分别是它们做成家纺的效果图。

图3-6 混地构图1

图3-7 混地构图2

满地构图

　　满地构图中"花"占画面的绝大部分面积，甚至几乎占据全部面积，而只露出一点点底纹，或者不显底纹，形成"花""地"交融的空间效果。这类构图的特点是画面内容多样、层次丰富、富贵华丽（图3-10）。

图3-8 混地构图床上用品

图3-9 混地构图桌布

图3-10 满地构图

3.2　接版的方法与特点

　　纺织面料一般都是成批量生产的，而且图案具有重复性、规律性和连续性，这是图案设计采用了四方连续无限延伸的结果。接版就是指纺织面料设计中单位图案做四方连续的连接方式，有平接版和跳接版两种形式。

平接版

　　平接版是指单位纹样上下垂直对接，左右水平对接而成的版式（图3-11）。平接版的特点是四平八稳，图案呈"井"字形骨架，图案的负空间容易出现较明显的水平和垂直分隔区域，给人呆板的感觉，如图3-12中墙面上的装饰图案和图3-13中地毯上的装饰图案都有这样的特点。但是，如果在设计单位纹样时，将图案各组成部分错落有致地排列，将上下左右边缘部分进行灵活穿插，就可以避免画面过于呆板，如图3-14，设计者在设计单位纹样时将形态各异的小刺猬的摆放位置和方向进行了巧妙地安排，所以尽管采用平接版也不显呆板（图3-15）。

　　在使用平接版设计图案时难免会出现一些问题，如接版图上有地方不自然或空缺等，这是因为在单位纹样设计中很难察觉到接版后的效果，所以以接版后进行填补与修改是有必要的。如图3-16平接版后中间有比较明显的白条空隙，我们可以在这些空白地加上两个元素（图3-17），形成图3-18的样式，这样就打破了之前的白条空地，弥补了一些空白。

图3-11 平接版示意

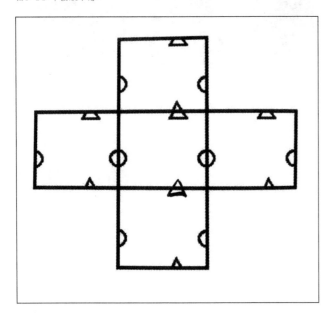

图3-12 平接版墙纸

图3-13 平接版地毯

图3-14 平接版单位纹样

图3-15 平接版后的四方连续纹样

图3-16 未修改前的平接版图案
图3-17 添加元素

图3-18 修改后的平接版图案

跳接版

　　跳接版是指单位纹样上下垂直对接，左右跳接而成的版式（图3-19）。左右跳接可以在单位图案的二分之一、三分之一、四分之一等处错位连接，其中以二分之一跳接最为常见（图3-20），图3-21为二分之一跳接版的一个单位纹样，左右边缘设计很清晰地体现了跳接的

方式，即花样的左上二分之一与右下二分之一对接，左下二分之一与右上二分之一对接，就可以形成图3-22这样的跳接版四方连续图案。跳接版的特点是图案各部分穿插自如、灵活多变，有时会也形成有规律的菱形骨架。

图3-19 跳接版示意图

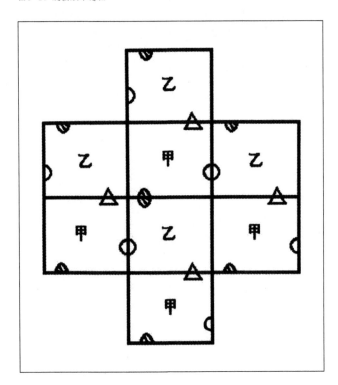

图3-20 跳接版图案

图3-21 跳接版单位纹样

图3-22 跳接版后的四方连续纹样

在纺织品图案设计中，为达到某种艺术效果，设计者往往会采用不同的绘画手法或使用不同的工具材料进行绘制，这些具体的绘制方法就称为纺织品图案的表现技法，可分为常用技法和特种技法两大类。

4.1 常用技法

我们知道点、线、面是图案造型的基本视觉要素，也是设计者在设计图案时最常用的表现手法。点、线、面的巧妙运用，可以给纺织品图案设计带来很多新的灵感和意想不到的视觉效果。

点绘表现法

点有大小、轻重、方圆、疏密、规则与不规则之分，充分利用不同点的特征，可以表现出图案形象的体积感与光影效果(图4-1)。点绘表现法较其他技法而言，易控制易把握，初学者可以从此技法开始入手。点绘过程中，特别要注意的是不宜点得过多，尤其是亮部需谨慎处理，否则物体的体积感和光感都很难表现出来，还会给人太腻的感觉。

图4-1 点绘技法

线绘表现法

线有长短、曲直、粗细、疏密等之分，线绘表现法是图案设计中最富表达力的技法之一，如图4-2。不同的绘画工具，由于用笔的轻重缓急、正侧顺逆，以及含颜料的多少等变化，可以绘制出特征各异的线条。纺织品图案中常见的用线主要体现在以下三个方面：①以线造型，或豪放似国画中的意笔，或勾勒精致似国画中的工笔；②借线塑形，最常见的就是撇丝，即使用一组组密集的线条来塑形，既可以均匀排列也可以重叠排列；③用线包边，就是我们通常所讲的勾边，若勾边虚实把握得体，可以很好地表现图案形象的结构和体积感，也可以有效地调整图案的层次感和整体感，还可以使用恰当的色线使整幅图案的色彩达到和谐统一的效果。如图4-3和图4-4，图案色彩对比过强或太弱，都可以采用勾边的方法来缓解或加强其对比，使得画面色彩鲜明。

图4-2 线绘技法

图4-3 用线勾边缓解对比过强

图4-4 用线勾边加强对比过弱

面绘表现法

面绘是纺织品图案中最基本的造型技法之一，其表现形式主要有以下几种。

（1）平涂面

即平涂色彩形成块面，均匀无浓淡变化，给人单纯、简洁的剪影效果，此种方法应注意纹样外形的准确性和生动性（图4-5）。

（2）装饰面

装饰面是在一定的外形里添加各种小的装饰纹理，使之形成面的效果，远看整体统一，近看精致丰富，富有很强的趣味性（图4-6）。图4-7是设计者采用实物亮片在不同颜色的块面上装饰而成，所以其装饰效果不同于其他普通的几何图案。图4-8为佩兹利纹样，也叫火腿纹样，这种纹样的最大特点就是在简单的火腿外形上添加不同层次的细纹作为装饰，疏密对比，非常精美。

图4-5 面绘技法 平涂面

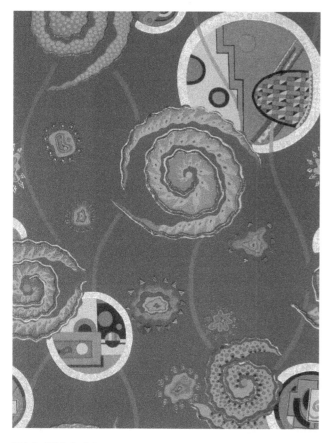

图4-6 面绘技法 装饰面1

图4-7 面绘技法 装饰面2

图4-8 面绘技法 装饰面3

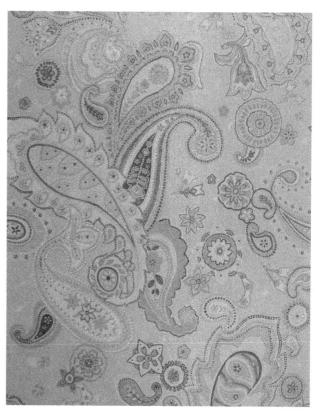

（3）虚实面

与平涂面相比，虚实面有轻重、浓淡的变化，从而形成虚实对比，通常可以采用晕染、枯笔、泥点和撇丝等手法形成块面。图4-9中牡丹花瓣采用晕染的手法形成了块面的虚实对比，使得白色牡丹和粉色牡丹相互衬托，尽显画面的朦胧之美。图4-10和图4-11使用平行线、交叉线、垂直线、圈、点等形式构成了各种虚面，与平涂色彩的实面形成对比，使画面层次丰富、细腻精致。

图4-11 面绘技法 虚实面3

图4-9 面绘技法 虚实面1

图4-10 面绘技法 虚实面2

点、线、面综合应用法

　　实际上，在设计图案时很少单独使用某种技法，而是多种技法的融合(图4-12)。在点、线、面的综合运用中，可以以一种手法为主，其他两种与其有机结合形成对比鲜明、层次感强的装饰效果。如图4-13就是以线为主，结合了方形点与花瓣面；图4-14是以面为主，再结合了点和线的装饰。

图4-13 点、线、面综合运用2

图4-14 点、线、面综合运用3

图4-12 点、线、面综合运用1

4.2 特种技法

如果想追求纺织品图案的特殊效果，就得使用一些特种技法，如绘写、拓印、晕染、枯笔、推移、喷洒、渍染、烟熏、烙烫、刻画、拼贴、防染、展开、刮绘、浮彩吸附、电脑绘制等方法，下面将一一进行介绍。

绘写法

绘写类似于写生，即用各种绘画工具直接描绘，色彩不受约束，画法自由，可工可泼，可粗可细，可刚可柔，可收可放，表现力极强，画面效果丰富多彩（图4-15）。

拓印法

拓印法就像盖章一样，即使用自然物表面凹凸不平的肌理感，沾上颜料拓印在纸面上的方法。也可以将纸面平铺在物体表面，用画笔把物体上肌理拓印下来。图4-16是采用海绵方块沾上不同颜色，层层叠叠、错乱有致拓印而成的图案，图4-17为同一图案的色调变换，以适应消费者的不同需求。采用此种技法创造出来的图案效果既省时省力又自然生动，然后和其他元素完美结合，就能丰富画面的虚实感和层次感。

图4-16 拓印法

图4-17 拓印法换色

图4-15 绘写法

晕染法

晕染是工笔花鸟中最基本的技法，操作时一般使用两支毛笔，一支染色笔、一支清水笔，先用染色笔从画面上最深的地方开始着色，然后用清水笔接着染，让颜色由深到浅自然过渡。值得注意的是不要急于求成，要用淡色多染几遍，一遍干后再染下一遍，这样晕染出来才不会在纸面上留下笔痕，色彩也很均匀（图4-18）。

枯笔法

枯笔法是指画笔上只沾少许颜料，在纸面上快速运笔出现飞白的效果（图4-19、图4-20）。另外，如果笔上含色饱满在粗纹纸上快画，也会产生飞白，这种效果特别适合表现树干、水波、斑迹等，体现物体的光感、质感和力度感。

图4-19 枯笔法1

图4-20 枯笔法2

图4-18 晕染法

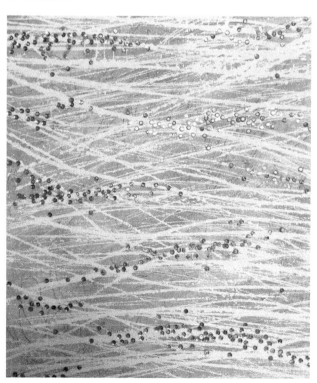

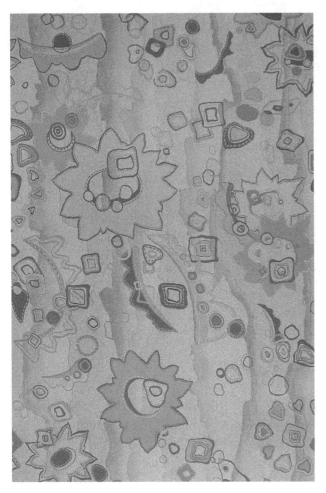

图4-21 推移法1

推移法

这种方法来自色彩构成，是将色彩按照一定的规律有秩序地排列组合的艺术形式。推移有很多种：色彩按色环顺时针或逆时针方向逐渐变化称为色相推移；色彩由深到浅或由浅到深有秩序变化称为明度推移；色彩由艳到灰或由灰到艳逐渐变化称为纯度推移；色彩由冷到暖或者由暖到冷逐渐变化称为冷暖推移。图4-21的背景在色相上进行了推移，使画面形成了一定的秩序美；图4-22上的花朵都采用了明度推移法，使花瓣的层次表现为由浅到深。

喷洒法

把颜料调制成适当浓度，在纸面上根据自己想要的效果进行喷绘或泼洒。这两种方法出来的效果截然不同。喷绘可以使用喷枪、喷壶、牙刷等工具，产生细腻、精致、柔和的特点，喷绘过程中如果有局部不需要此效果，可以用纸剪出不需喷绘的外形，然后遮盖在上面再进行喷绘，这样就可以很好地将其保护起来（图4-23）；泼洒由于挥洒自如、一气呵成，可带来自由、豪放、潇洒的磅礴气势（图4-24）。

图4-23 喷洒法1

图4-22 推移法2

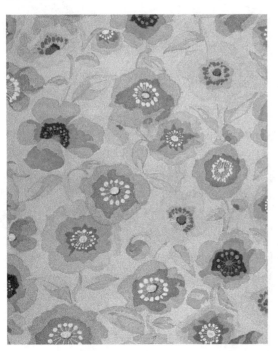

渍染法

渍染不同于平涂上色，它是利用液体颜料的堆积与渗透，在纸面上形成随机斑渍和浸染的效果，这些效果变化微妙、具有偶然性，给人一种随性放松的感觉（图4-25、图4-26）。

烟熏法

把纸放在烟上熏炙，形成自然流动、富有变化的边缘，以及色泽变化甚至偶尔熏焦的形态，都可以给人带来某些意外的效果与惊喜（图4-27）。

图4-24 喷洒法2

图4-25 渍染法1

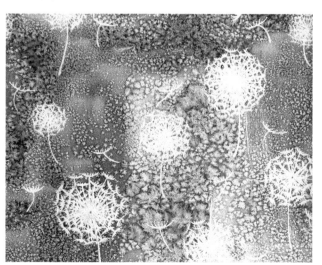

图4-26 渍染法2

图4-27 烟熏法

图4-28 烙烫法1

图4-29 烙烫法2

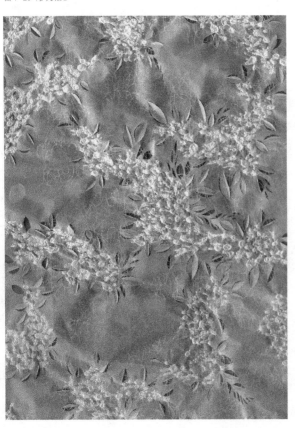

烙烫法

烙烫法即使用电烙铁将复印好的图案烙在画纸上的方法。复印图案的题材既可以是植物、动物、建筑、风景之类的照片，也可以是古典图案、传统图案等（图4-28）。由于电烙铁温度高，所以应将图案复印在耐高温的硫酸纸上，并且图案要反向复印，这样烙上去的图案才是正的。图4-29也使用了烙烫法，它是直接在硫酸纸上烙烫，再用美工刀在烙烫肌理的周围刻划、镂空出叶子的形状，底下衬上紫色背景，使图案具有蕾丝的感觉。

刻画法

刻画法是在已经上好较厚颜色的画纸上用尖锐的物体用力刻画，可获得类似铜版画的艺术效果，刻画时可精美细致，也可粗犷豪放。另外，画纸上可以多次多层涂上不同的色彩，然后使用不同的力度进行刻画，随着刻画深浅的不同，就可以产生多彩的效果（图4-30、图4-31）。

拼贴法

拼贴法就是将不同效果的图片或实物按照一定的形式美法则并置在一起，表现出独特的艺术特点。例如拼布艺术，越来越受到人们亲睐，人们一边通过把一块块布拼接起来做成实用品或艺术品，一边享受着手工拼布的乐趣。小到零钱包、钥匙包，大到背包、靠垫、坐垫、壁饰、地毯、床品等，都可以采用拼布手法，制作出非常流行的唯美的纺织品（图4-32、图4-33）。

图4-30　刻画法1

图4-32　拼贴法1

图4-31　刻画法2

图4-33　拼贴法2

防染法

手工染织中的扎染和蜡染就是典型的防染技法。

（1）扎染

扎染是根据装饰需要，使用针、线对纺织品进行扎、缚、缀、缝，使之具有防染性阻止染料的渗透，在染缸中染完色后，拆除线结，可获得漂亮的扎染图案。若使用不同颜色依次重复染色，图案会更加色彩斑斓、复杂多变（图4-34）。

（2）蜡染

蜡染是我国古老的少数民族民间传统纺织印染手工艺，贵州、云南苗族、布依族等民族擅长蜡染。它是借助具有抗染性的蜡作为介质，先在画面上把融化了的蜡涂在不需要染色的区域，再进行染色、去蜡，从而达到地、纹分离的艺术效果（图4-35）。如果在图案的不同部位多次上蜡、染色，就能获得极其复杂又色彩丰富的装饰图案（图4-36）。蜡染跟扎染一样，最终图案具有很强的偶然性。蜡染中最具有特点的纹理就是龟裂纹，也叫冰纹，它是在制作的过程中，防染剂蜡通过自然龟裂或人工龟裂后染色而成，如图4-37作品中的背景就是龟裂纹。由于蜡染图案丰富、色调素雅、风格独特，通常用于制作服装服饰和各种家纺用品，显得朴实大方、清新悦目，极具民族特色。

图4-34 防染技法 扎染

图4-36 多色蜡染

图4-35 防染技法 蜡染

图4-37 蜡染龟裂纹

展开法

展开法是将较薄的纸张揉皱，再展开绘制，既可以借助皱折用干一点的颜料制作出特殊肌理，也可以绘制出装饰图案，使皱折与图案融为一体，形成美妙的艺术效果。图4-38是将宣纸揉皱后展开，再在这种肌理纸面上拓印叶片而成，色彩对比鲜明，适合做服饰面料。

刮绘法

刮绘法是用刮刀或其他硬物沾色刮绘于纸面，因为刮绘时颜色和层次的叠加，可以产生自然多彩而又刚劲有力的视觉效果（图4-39）。

浮彩吸附法

也许我们都观察到过这一现象，将墨水或颜料滴入水中，它们在溶解化开的那一瞬间，可以形成一种非常美妙的肌理，这种肌理流动多变、浓淡微妙、连绵不断、虚实对照（图4-40）。浮彩吸附法就是用吸水性比较强的纸平铺在水面上，将这美好瞬间形成的自然肌理吸附定形在纸面上。当然，这种技法具有一定的难度，要反复尝试才能成功。

图4-39 刮绘法

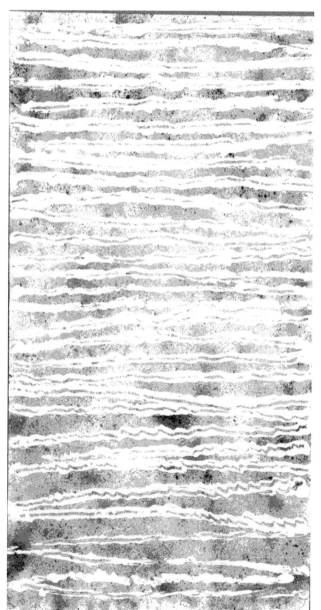

图4-38 展开法

电脑绘制法

电脑绘制法就是借助一些平面设计软件来进行图案设计，如Photoshop、CorelDraw、Illustrator等，可以单独使用一个软件，也可以几个软件结合起来用。电脑绘制法与手绘相比，其优点是快捷、方便，尤其是在图案设计好后，如果你对色彩搭配不满意，电脑换颜色相当省时省力；而手绘想换颜色就很麻烦，需要重新涂色甚至重新起稿换色。但是，电脑绘制也有其弊端，它不如手绘那么灵活多变，手绘中很多微妙的表现和一些特殊效果，电脑是很难达到的，这就是为什么手绘作品比电脑作品更富有人情味的原因。

图4-40 浮彩吸附法

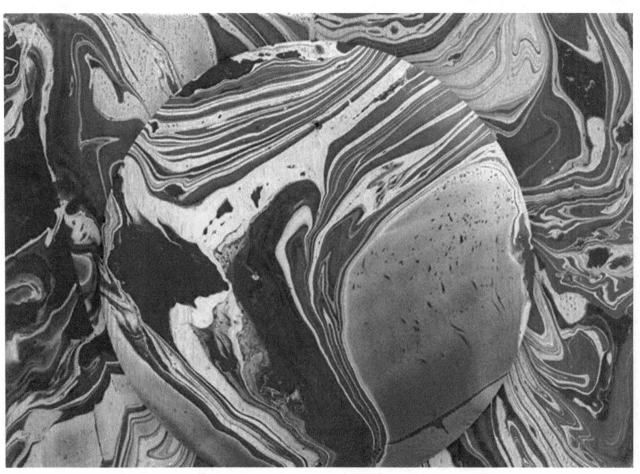

第 5 章　纺织品图案的色彩搭配

5.1　主色调

主色调的概念及种类

纺织品图案设计的主色调是指纺织产品最终给人视觉上形成的主要色彩倾向，它是保证产品整体性和统一性的主要因素。主色调设计得好与坏，直接关系到消费者是否愿意购买该产品，直接影响到厂商的经济效益。那些使用颜色较多而又杂乱无章，没有拉开色彩主次关系、主色调不明确、层次不清的产品必定难以得到消费者喜爱。因此，图案设计中主色调的把握应该是设计者值得高度重视的问题。

根据色彩的特性来看，主色调可以有多种类别。一是按色相来分，可以呈现出多种色调，有红色调、蓝色调、紫色调、绿色调等，是根据某种色相的色彩在整个纺织品图案中所占比重较大来命名的，如绿色调就是因为绿色在画面中比重较大（图5-1），其他色调以此类推。二是按明度来分，可分为明亮色调、中间色调和暗色调（图5-2～图5-4），分别是以高明度色彩、中明度色彩和低明度色彩为主，如浅黄色调、中绿色调、暗红色调等。三是按纯度来分，可分为鲜色调、灰色调和纯灰色调，是根据有彩色成分的多少来分类的，鲜色调含有彩色成分较多，特点是艳丽、鲜明、强烈（图5-5）；灰色调含有彩色成分较少，特点是温和、稳定、雅致（图5-6）；纯灰色调是由无彩色组成，给人的感觉是别致和时尚（图5-7）。四是按冷暖来分，可分为冷色调、中性色调和暖色调（图5-8～图5-10）。冷色调给人以清凉感，温色调给人舒适感，暖色调给人以温暖感。在不同的季节选用不同色调的纺织产品，可以给人们的心理上带来平衡。当然，在配色的过程中，也可以综合运用以上类别的色调，以达到更加丰富的色彩效果。

图5-1　绿色调

图5-2　明亮色调

图5-3 中间色调

图5-4 暗色调

图5-5 艳色调

图5-6 灰色调

图5-7 纯灰色调

图5-8 冷色调

决定主色调的相关因素

纺织面料的色调随着地域、季节、使用对象、性别、年龄、职业、风俗习惯和个人审美情趣的不同而千差万别，设计人员在配色之前，应该对以上因素进行周密考虑，分析并决定主色调，使色调的选用具有很强的针对性，符合消费人群的口味。

一般来说，不同的国家、民族与地区都会有不同的喜爱色与禁忌色，如绿色在信奉伊斯兰教的地区很受欢迎，因为它是生命的象征，而在某些西方国家则是嫉妒的象征，所以设计师要根据纺织产品的销售地有目的地选择主色调。不同的季节，人们在挑选纺织产品时，也会对色调着重考虑，夏季因为天气炎热，一般不会挑选红色调的床上用品，而冬天恰好相反，为使卧室感觉温馨，较多的人会选择暖色调的床上用品，以求得心理

上的平衡（图5-11）。风俗习惯也是影响主色调的因素之一，在中国红色是喜庆色，所以在设计婚庆产品时，包括礼服、床上用品等，红色调无疑成为首选色调（图5-12）。同样，性别、年龄、职业和个人审美情趣不同的人，也会有自己钟爱的色调，例如男性一般喜爱比较沉稳、端庄的灰色调和深色调，而大多数女性喜爱漂亮的、亮丽的鲜色调和明色调；广大儿童对鲜艳的黄色、红色等很感兴趣，中老年人则会因为丰富的生活阅历而喜欢沉稳的色调和能展现自己个性的色调……总之，综合考虑以上因素，有目的地安排主色调，纺织品才能迎合市场需求。

图5-10 暖色调

图5-9 中性色调

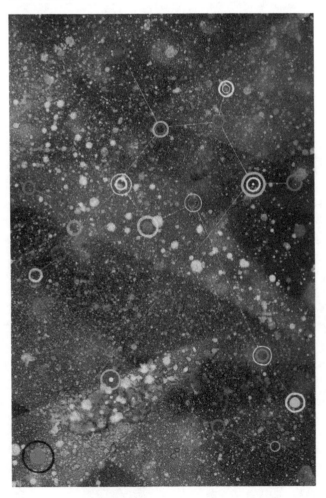

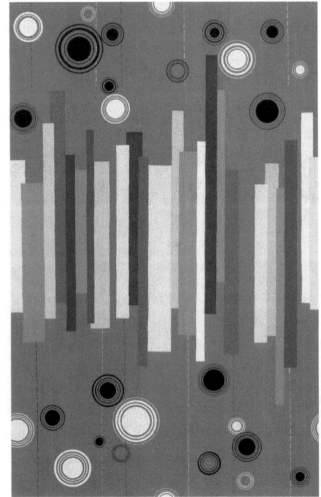

主色调的要素及相互关系

纺织图案的主色调由基色、主色、陪衬色和点缀色等要素组成，这些色彩相辅相成、互相作用，在画面上形成一定的对比关系、调和关系和主次关系，合理处理好它们之间的关系，就能够获得满意的主色调，给纺织图案增添无限魅力。

（1）基色

基色是指图案中最基本的色彩，一般也是指面积最大的底色（底色面积较小的满地花图案除外），它对主色调的形成起到决定作用。为了使图案的主体花纹突出，通常在处理"地"与"花"的关系时，采用深地浅花与浅地深花两种形式（图5-13、图5-14）。此处的"深"与"浅"是相对的：明度差距越大，对比越强，主体花纹越突出；明度差距越小，对比越小，主体花纹越隐蔽，整体效果越柔和。无论怎样，基色的选定比较重要，不能喧宾夺主，因为它是用来衬托图案主体部分的，基色一旦确定，主色、陪衬色和点缀色都要与之相协调。

图5-12 红色调床上用品

图5-13 深地浅花

图5-11 暖色调床上用品

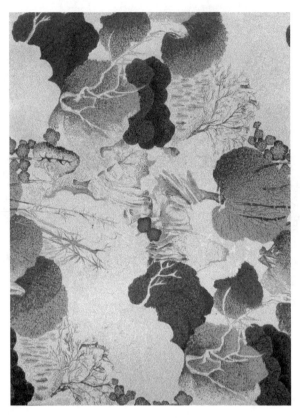

图5-14 浅地深花

图5-15 印花图案中的主色调

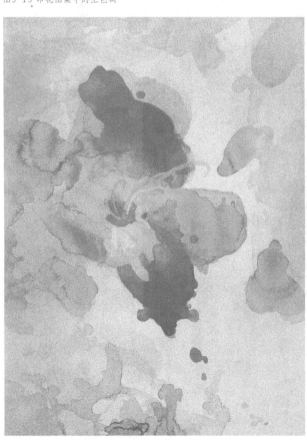

（2）主色

主色是用来表现主体形象的色彩。纺织品图案的主要题材有植物（包括最常见的花卉）、动物、人物、风景、几何形等，这些题材就是图案中的主体形象，它们的色彩也就是主色，如图5-15中主花形中的红色就是该图案中的主色，在画面主色调的确定中起到了主导作用。相对于底色来说，主色一般色彩鲜明醒目，能够很好地突出画面中的主体形象。

（3）陪衬色

陪衬色是用来陪伴衬托主体形象的色彩。从另外一个角度来讲，陪衬色也可以理解为联系基色与主色的中间色彩。因为前面已经讲了，一般情况下基色就是底色，主色就是花色，那么陪衬色就是中间层次的过渡色彩。在印花图案设计中，如果基色与主色对比过强或太弱，陪衬色的合理选择可以弥补这个缺点，在画面上起到很好的调节作用。如图5-16中底色与花色对比很弱，如果没有枝叶和小簇花色彩的陪衬，主花就很难突出。另外，陪衬色与主色可谓宾主关系，主色占支配地位，陪衬色占从属地位，二者应该宾主分明、相互依存。

图5-16 印花图案中的陪衬色

（4）点缀色

点缀色是根据特定需要装饰在画面适当部位的小面积色彩。点缀色一般与其他色彩反差较大：要么色相差别大，使用对比色或互补色；要么明度差别大，使用高明度或低明度色；要么纯度差别大，使用艳色点缀灰色或使用灰色与无彩色点缀艳色，如图5-17就是色相差较大的黄色点缀紫色调画面，使图案更具生机。点缀色成点状或线状分布在纺织品图案中，可以活跃画面气氛，起到画龙点睛的作用。

正确处理基色、主色、陪衬色和点缀色之间的关系，可以使纺织品图案具有明确的主色调，获得既对比又调和、既统一又变化的整体配色效果。

形成主色调的具体方法

主色调在纺织品图案整体效果中起到举足轻重的作用，设计者在具有较强造型能力的基础上，还要熟练掌握主色调的形成方法，才能设计出造型优美、色彩和谐的纺织产品。形成主色调的方法有如下几种。

①单色的使用形成明显的单色调。即色相只有一种，但由此色相加入不等量的黑色或白色可以形成明度不一的多个色彩，组合起来可获得整体统一而又层次丰富的单色调（图5-18）。

图5-17 印花图案中的点缀色

图5-18 使用单色形成的主色调

②大量使用邻接色和类似色形成柔和的主色调。因为邻接色和类似色色相差距不大，很容易取得调和，它们的搭配是形成主色调的常用方法。但这种方法存在一个常见问题，就是色彩过于暧昧，主体形象不突出，解决办法是采用合适的其他色彩隔离，使得表现对象明朗清析（图5-19）。

③通过调整色彩面积形成主色调。如果图案中有几种色彩互相冲突，难以呈现出主色调，设计者就要有意识地扩大某种色彩的所占面积，相应缩小其他色彩的使用面积，这样才能主次分明，获得主要色彩倾向。

④通过调整色彩的纯度和明度形成主色调。当画面上色彩反差过大时，都难取得统一的主色调，改变色彩的相关属性，即提高或降低色彩的纯度或明度，可以达到色彩谐调统一的效果。如图5-20中紫色和黄色本为互补色，但设计者降低了两色的纯度，使得画面色彩统一和谐。

⑤通过亲缘法形成主色调。即在图案的某些色彩中或多或少地加入同一种颜色，就能达到你中有我、我中有你的整体主色调。

⑥通过色彩的穿插使用形成主色调。主要方法是使用同一色彩元素对整幅图案勾边处理，勾线时注意粗细、疏密、曲直、长短、虚实等变化，使画面中各色块形成连贯、整体的色彩效果（图5-21）。

总之，分析与把握主色调形成的规律与方法，是纺织品图案设计中不可忽视的一个重要方面。我们在图案的配色过程中还会遇到很多问题，需要不断地去尝试和总结经验。

图5-20 降低纯度形成的主色调

图5-19 邻接色与类似色形成的主色调

图5-21 色彩穿插形成的主色调

5.2　流行色

什么是流行色

人们的生活离不开色彩，色彩应用在衣、食、住、行的各个领域，包括服装面料、服饰配件、室内装修、室内陈设、室内纺织装饰品和交通工具等方面，色彩无处不在，把我们的生活装扮得丰富多彩。但是，人们对色彩的喜好并不是一成不变的，而会随着时间的推移和社会风尚的转变而改变，所以说色彩具有很强的时代性和社会性。曾经风靡一时的色彩，过一段时间也许会被其他时兴的色彩所代替，这种时兴的、变换的色彩就是我们所讲的流行色。

流行色（Fashion Color）是指某一地域或国家在某段时间内被大众所接受和喜好的时尚、时髦的色彩。它是在某种社会观念指导下，一种或数种色相和色组迅速传播并盛行一时的现象，是政治、经济、文化、环境和人

们心理活动等因素的综合产物，在不同时期表现出不同的主流色彩。流行色起源于欧洲，以法国、意大利、德国等国为中心区域。国际流行色的预测是由总部设在巴黎的"国际流行色协会"完成，国际流行色协会每年都会两次召集各成员国进行国际流行色的预测，提案、讨论并选定未来18个月的春夏或秋冬的流行色彩。中国的流行色由中国流行色协会制定，是在参考国际流行色的基础之上，结合国内的具体情况而制定出的色彩流行趋势。

流行色呈周期性变化，从产生到发展，一般经过始发期、上升期、流行高潮期和逐渐消退期四个阶段。其中，流行高潮期称为黄金销售期，持续时间一般为1~2年。流行色以纺织品行业最为敏感，特别是在服装行业，流行周期很短，四个阶段总体时间演变大约为5~7年。

纺织品设计中流行色的作用

在纺织品设计中，色彩作为一个重要元素，以鲜明的特征和强烈的印象给人视觉以"先色夺人"的第一感受。所以人们在选购纺织品时，往往是"远看颜色近看花"，并且随着人们消费观念的不断改变，越来越多的人开始追求时尚，尤其在服装和室内纺织品的挑选过程中，流行色逐渐被人们认识和接受。在纺织产品中，合理运用流行色有利于吸引消费者，从而刺激消费者的购买欲，甚至可以决定产品的身价档次，如商场里同样规格、质地、款式的服装在流行色过时后的价格与流行色高潮期的价格差距很大，其差价比往往是几倍以上。可见，流行色能给厂商带来巨大的经济效益和利润。因此，流行色在纺织品设计中的把握与应用是设计者值得重视的一个重要方面。

纺织品设计中流行色的预测与把握

要想纺织品面料迎合市场、畅销对路，设计者必须准确地预测和把握好流行色彩。在进行色彩设计之前，可以关注以下几个方面，以准确抓住色彩的流行动向，设计出符合潮流的产品。

①密切关注国际、国内的流行色信息。可以通过报刊杂志、影视、网络等渠道去获得，但现今世界发布流行色的机构或单位众多，而且信息说法不一，为避免盲从，设计者应该选择权威机构发布的信息作为设计参考，如国际流行色协会、美国棉花公司和中国流行色协会等研究机构预测出来流行色信息要相对可靠一些。另外，观看时装表演也是获得流行色信息的主要途径。

②密切关注市场动态，多做市场调研。注重消费者在购买服装和家用纺织品时的反映，通过长时期市场资料的分析与统计以及色彩的社会调查来把握消费者的色彩动向，用设计者敏锐的洞察力发掘出潜在的流行色，从而应用在未来的纺织品设计当中。

③密切关注影响流行色的各种因素。包括政治因素、经济因素和文化因素等方面，例如环保问题是近年来的热门话题，于是最近几年的流行色主题很多都是从自然色彩中归纳出来的，这些色彩应用在纺织品面料上可以给人回归自然、返璞归真的感觉。

④密切关注各领域的装饰色彩，为纺织品的色彩设计找到参考依据。如果在生活中观察到汽车、家用电器、鞋、帽等的色彩具有一定的趋同性，那么这些颜色很可能就是现在比较流行的色彩，同样也适合装饰在纺织面料上。

设计者在进行纺织品色彩设计时，应该综合考虑以上几个方面，力求最准确无误地预测和把握好下一年度或下一季度的流行色，以设计出满足人们心理需求的纺织品。

纺织品设计中流行色的运用

在较为准确地预测和把握好流行色彩之后，作为一名设计者，更要善于在设计中灵活地运用流行色，使之与纺织品的图案、款式等其他因素巧妙结合，达到最佳的艺术效果。科学运用流行色，应该注意以下几个方面。

①准确把握流行色的主题。一般来讲，流行色的发布都是几个色组，每个色组都包括几种色彩，而且根据其色彩的特征概括出一个相应的主题和适当的文字解释。如美国棉花公司发布的某年服装面料的流行色为五组色彩，主题分别为羁迷系列、舞蹈系列、戏剧系列、沉静系列和新哲学系列（图5-22~图5-26）。我们知道，相同的几个颜色组合，如果使用面积大小有所变化，其最终效果也会截然不同。如图5-27和图5-28是由完全相同的四个色彩组合而成，但由于各个色彩的使用面积不同，画面最终的色调变化很大。所以，在纺织品流行色的运用过程中，我们应该把握好每个色彩的使用面积，这样整个色调才能与流行色的主题相吻合。

图5-22 羁迷系列

图5-23 舞蹈系列

图5-25 戏剧系列

图5-24 沉静系列

图5-26 新哲学系列

图5-27 色彩面积对比1

图5-28 色彩面积对比2

②流行色与常用色的组合运用。常用色是人们经常喜欢使用的、已经约定俗成的色彩，它的形成具有广泛的基础性，在人们的审美意识中难以改变。在纺织品设计中合理运用流行色的同时也不要忽视常用色的使用。因为流行色虽然具有时髦感和新鲜感，但会很快消失；而常用色相对比较稳定，能够长时间地受到人们青睐。流行色与常用色互相依存、互为补充，两者的组合运用可以根据面料使用目的的不同采取不同的形式：a.如果面料是用来做很时尚的服装，主导色应为流行色，小比例使用常用色，使整个面料装饰图案具有时代气息的美感；b.如果面料是用来做床上用品或其他家用纺织品，则可以小比例使用流行色，大比例为常用色，因为家用纺织品不会像服装那样快频率更换，适合用流行色作为点缀色，以取得画龙点睛、相得益彰的奇妙效果。

③流行色与点缀色的组合运用。所谓点缀色就是占小面积的色彩，如果在图案设计中，流行色占有较大面积，就可以适当使用流行色的互补色或对比色进行点缀，尽量采用纯度高、对比强的颜色来点缀，能更好地衬托出流行色的美感。

④流行色自身之间的组合搭配。前面提到流行色一般是以几组色彩的形式出现，所以在图案设计的流行色运用当中，可以单独使用一种流行色，也可以将同色组各流行色彩组合应用，还可以各组色彩之间进行穿插组合。值得注意的是：a.单色使用时由于色相少而容易显得单调，所以应该将单色进行明度变化，可以起到增加层次的作用；b.同色组中各流行色组合时，可以取两种或两种以上的色彩搭配，同时也要适当的考虑明度变化，以达到丰富多变的色彩效果；c.不同色组间色彩穿插组合时，要把握好多色的对比与统一，用来避免用色的混乱，在明确主色调的基础上妥善安排其他色彩，做到统一与变化相协调。

第 6 章　纺织品图案的工艺表现

纺织品图案根据生产加工方式的不同，使织物可以获得不同的装饰效果。常见的工艺类型有印花、织花、刺绣和手工染织等。

6.1　印花图案

印花工艺是用染料或颜料在织物上施印装饰花纹的工艺过程。印花有织物印花、毛条印花和纱线印花之分。其中，织物印花历史悠久，中国在战国时已开始应用镂空版印花；印度于公元前4世纪有了木模版印花；18世纪开始出现连续的凹纹滚筒印花；20世纪60年代金属无缝圆网印花开始应用，为实现连续生产提供了条件，其效率高于平网印花；60年代后期出现了转移印花，利用分散染料的升华特性，通过加热把转印纸上的染料转移到涤纶等合成纤维织物上，可印得精细花纹；70年代研究出了用电子计算机程序控制的喷液印花方法，由很多组合的喷射口间歇地喷出各色染液，形成彩色图案；90年代，计算机技术开始普及，1995年出现了按需喷墨式数码喷射印花机，数码印花的出现与完善，给纺织印染行业带来了一个全新的概念，其先进的生产原理及手段，给纺织印染带来了前所未有的发展机遇。

印花的类型

从生产设备的角度来看，织物印花可以分为以下几种类型。

（1）平网印花

平网印花模具是固定在方形架上并具有镂空花纹的涤纶或锦纶筛网（图6-1）。花版上花纹处可以透过色浆，无花纹处则以高分子膜层封闭网眼。印花时，花版紧压织物，花版上乘色浆，用刮刀反复刮压，使色浆透过花纹达到织物表面。

平网印花有手工台板式、半自动平板和全自动平板三种，虽然平网印花效益较低，但其制版方便，花回长度大，套色多，能印制精细的花纹，且不传色，印浆量多，并附有立体感，适合丝、棉、化纤等机织物和针织物印花，更适合小批量多品种的高档织物的印花。

图6-1　平网印花模具

图6-2 圆网印花模具

（2）圆网印花

圆网印花就是滚筒式筛网印花，是在无接缝圆筒形镍网上，通过感光水洗工艺封闭花纹以外的网孔，色彩透过网孔沾印到织物上的一种印花方法。其印花模具是具有镂空花纹的圆筒状镍皮筛网，按一定顺序安装在循环运行的橡胶导带上方，并能与导带同步转动（图6-2）。印花时，色浆输入网内，储留在网底，圆网随导带转动时，紧压在网底的刮刀与花网发生相对刮压，色浆透过网上花纹到达织物表面。

圆网印花属于连续加工，生产效益较高，兼具滚筒和平网印花的优点，一般可印制6~20种颜色的花纹，如图6-3所示，除卧式排列外，还有立式、放射式以及双面印花等。但是，圆网印花在花纹精细度和印花色泽浓艳度上存在一定局限性。

（3）滚筒印花

滚筒印花是用刻有凹形花纹的铜制滚筒在织物上印花的工艺方法，又称铜辊印花。刻花的滚筒称为花筒。如图6-4所示，印花时先使花筒表面沾上色浆，再用锋利而平整的刮刀将花筒未刻花部分的表面色浆刮除，使凹形花纹内留有色浆。当花筒压印于织物时，色浆即转移到织物上而印出花纹。每只花筒印一种色浆，如在印花设备上同时装有多只花筒，就可以连续印制彩色图案。

图6-3 圆网印花面料

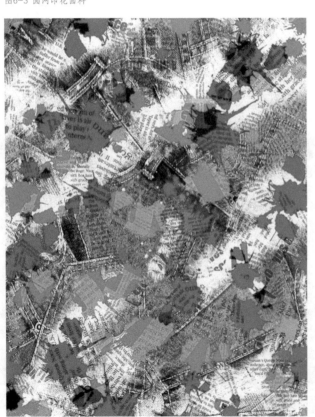

图6-4 滚筒印花示意

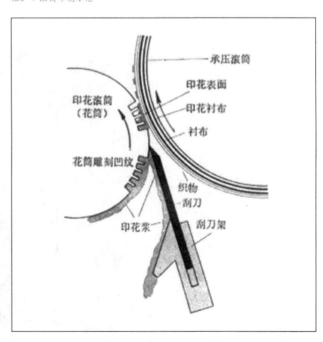

滚筒印花如同报纸印刷，是一种每小时能生产超过6000码（1码=0.9144m）印花织物的高速工艺，这种方法也叫机械印花。其铜滚筒上可以雕刻出紧密排列的十分精致的细纹，因而滚筒印花能印出特别细致、柔和的图案，如精致、细密的佩兹利涡旋纹等。花筒雕刻应与图案设计者的图稿完全一致，每一种颜色都需要一只辊筒。这种印花方式如果批量不大就不经济，因为滚筒制备和设备调整的成本高，耗时长。所以，我们在设计这类图案时通常会受到套色限制。

（4）转移印花

转移印花始于20世纪60年代末。图6-5为热转移印花机，是先用印刷方法将颜料印在纸上，制成转移印花纸，再通过热压等方式，使花纹转移到织物上的一种印花方法。转移印花多用于化纤针织品、服装的印花。

转移印花与其他印花工艺相比，具有许多优点：不用水，无污染；工艺流程短，印后即是成品，不需要蒸化、水洗等后处理过程；花纹精致，层次丰富而清晰，艺术性高，立体感强，为一般印花方法所不及，并能印制摄影和绘画风格的图案，如图6-6和图6-7所示；印花色彩鲜艳，在升华过程中，染料中的焦油被残留在转移纸上，不会污染织物；正品率高，转移时可以一次印制多套色花纹而无须对花；灵活性强，客户选中花型后可在较短的时间内印制出来。

图6-6 转移印花图案1

图6-7 转移印花图案2

图6-5 热转移印花机

（5）数码喷射印花

数码喷射印花是用数码技术进行的印花，其原理与喷墨打印机相同，图6-8为数码喷射印花机正在工作的状态。数码印花技术是随着计算机技术不断发展而逐渐形成的一种集精密机械加工技术、CAD技术、网络通信技术及精细化工技术为一体的前沿科技，是信息技术与机械、纺织和化工等传统技术融合的产物。它最早出现于20世纪90年代中期，这项技术的出现与不断完善，给纺织印染行业带来了全新的概念，其先进的生产原理与手段，也为纺织印染带来了前所未有的发展机遇。

数码喷射印花的流程是：先将花样图案通过数字形式输入到计算机，通过计算机印花分色描稿系统（CAD）编辑处理，再由计算机控制微压电式喷墨嘴把专用染料直接喷射到纺织面料上，形成所需图案。

数码印花技术的推广应用，将为21世纪我国纺织业的发展产生重大影响，因为它与传统印花工艺相比，具有以下几个方面的优势。

①印花全过程实现数字化，从而使印花产品的设计、生产不仅能快速反应其订单需求，而且有很大的随机性，可按需要进行柔性化生产，真正做到立等可取，令客户满意而归。采用传统印花则需要进行分色、制网、配色、调浆、印花、后处理等工序花费的时间长而且制作成本很大，客户还不一定满意。

②设计样稿可在计算机上任意修改，把设计师德设计理念、审美观念完全、充分的发挥表现出来。如果设计者对打样的效果不满意，可以马上在计算机里面进行重新修改，经过几次的颜色配制、花型改变，直到达到满意效果为止。传统印花中，一旦设计师的样品确定，很难再进行二次创作与修改。对图案、花型、颜色搭配等等，在制作上都缺少灵活性和快速的市场应变能力。

③数码印花技术是通过数码控制的喷嘴，在需要染料的部位，按需喷射相应的染液微点，许多微小的点速成所需花型，达到视觉上色彩连贯一致花型逼真。传统印花对于色彩的饱和度和层次的鲜明性表现相对较差，对于一些云纹过度也较难把握。

④由于数码印花机的印花精度高，几乎不存在对花型及套色准确性问题，无论何种花型，多少种套色，全以直接印花方法完成。避免了传统工艺的"雕印"工艺中大量还原剂的污染与染料的浪费，也保证了鲜艳的色光和牢度。

⑤数码印花生产过程中，由计算机自动记忆各色数据，批量生产中，颜色数据不变，基本保证小样与大样的一致性。

⑥数码印花的工艺过程中可以不存在"花回"的概念，使设计师的设计思路得到充分的发挥，不再受"花回"的约束，为设计师设计出更加优美的图案打下基础。

⑦数码印花小批量生产印制比传统印花成本低。这就为适应多品种、小批量的市场打下良好的基础。

⑧在工艺档案的储备方面，数码印花过程中所需要的数据资料以及工艺方案，全部储存在计算机之中，可以保证印花的重现性。而在传统的圆网印花生产中，对档案的保存是一个令人比较头疼的问题。花稿的储存、圆网的储存要占很大的空间，既浪费人力又浪费物力，同时保存的效果又不是很好。

⑨数码印花属于绿色生产方式，喷印过程中不用水，不用调制色浆，无废染液色浆，噪声小。传统的印花对水的需要量非常大，产生的废液、废水、废浆对环境造成极大的污染。

图6-8 数码喷射印花

印花的工艺

印花织物是富有艺术性的产品，根据设计的花纹图案选用相应的印花工艺，从生产工艺的角度来看，织物印花主要又可以分以下三种类型。

（1）直接印花

将各种颜色的花形图案直接印制在织物上的方法就是直接印花，此种印花工艺是几种印花方式最简单而又最普遍的一种。在印制过程中，各种颜色的色浆不发生阻碍和破坏作用。该法可以印制白地花和满地花图案。根据图案要求不同，又分为白地、满地和色地三种：白地印花花纹面积小，白地部分面积大；满地印花花纹面积大，织物大部分面积都印上花纹；色地的直接印花是指先染好地色，再印上花纹，习称"罩印"。但由于选色缘故，一般都采用同类色、类似色或浅地深花居多，否则选色处花色萎暗。图6-9为直接印花产品，其色泽鲜艳，能较好地发挥图案设计的艺术效果。

（2）拔染印花

拔染印花是在已经经过染色的织物上，以破坏织物上印花部分的地色，而获得各种图案的印花方法。拔染剂是指能使底色染料消色的化学品。拔染浆中也可以加入对化学品有抵抗力的染料，所以拔染印花可以得到两种效果，即拔白和色拔。用拔染剂印在底色织物上，获得白色花纹的拔染叫拔白（图6-10）；用拔染剂和能耐拔染剂的染料印在底色织物上，获得有色花纹的拔染叫色拔（图6-11）。拔染印花产品具有地色匀净、花型细致、轮廓清晰、浓艳饱满的特点。

（3）防染印花

防染印花是在织物上先印上防止地色染色或显色的防染剂，然后用其他色浆进行印染而获得花纹的印花工艺过程。印花色浆中防止染色作用的物质称为防染剂。用含有防染剂的印花浆印得白色花纹的，称为防白印花（图6-12）；在防染印花浆中加入不受防染剂影响的染料或颜料印得彩色花纹的，称为色防印花（图6-13）。

图6-9 直接印花面料

图6-10 拔白

图6-11 色拔

图6-12 防白印花

图6-13 色防印花

6.2 织花图案

　　织花是以经纬线的浮沉来表现各种装饰形象，且以纤维的性能、纱支的形态、织物的组织变化显示出各种材料的质地、光泽、纹理等丰富的装饰效果。织花分为经起花和纬起花两种。

织花技术的发明

　　早在商朝，我国的蚕桑生产和丝织手工业有了进一步发展，并受到统治者的重视。随着丝绸规模的日益扩大，生产技术也有了进步，发明了织花技术。商周时期，我国已经有了官府专营的丝织手工业，它和民间的丝织业同时发展着。官府为了便于管理手工业生产，设置了号称"百工"的各级官吏。当时，除了官府专营的

丝织业之外，民营的丝织业也十分发达。政府设有"载师"官，负责管理民间的丝织业生产。我国西周到春秋时期的一部诗歌总集《诗经》里，就有不少篇描绘了妇女们养蚕织帛的劳动情景。

　　1975年，考古工作者在陕西省宝鸡茹家庄发掘了两座西周奴隶主贵族的墓葬，出土的文物中有一些玉蚕和丝织品的印痕。品种有绢、经锦和用"辫子股"针法绣成图案的刺绣，绣针针脚整齐，技术很纯熟，朱红色的地子和石黄色的绣线，色彩至今仍鲜丽如新。经锦是用两组以上的不同色的经丝，直接在织机上织出花纹，以一色作地纹，另一色作花纹。经锦的出现，标志着我国丝绸织花技术的重大发展。这种经锦在辽宁省朝阳县西周墓和山东省临淄东周墓出土的丝织品中，也曾经发现过。所以，织锦在西周已经出现，它是一种多彩织花的高级丝织品，而且那时锦的用途已经很广泛，人们用它来做上衣、下裳和被面等。

　　春秋、战国时代，人们开始使用铁质工具进行生产，社会生产力大为提高，丝织品的生产也更加普遍，用途也越来越多。诸侯朝见天子以及诸侯间互相拜访、集会结盟等重大政治活动，必须用丝绸和美玉等物作为礼品。而且，此时的丝织品已经开始向国外交流，因此在国外也有所发现，例如前苏联在南西伯利亚的巴泽雷克古代游牧民族的贵族墓葬中，也发现了来自中国春秋时期的丝绸鞍褥面，上面绣着精美的凤鸟穿花纹样。随着丝绸生产技术的不断提高，春秋战国时期的丝绸品种也进一步多样化了。当时一些文献材料上提到的丝织品的名称就有帛、缦、绨、素、缟、纨、纱、绉、纂、组、绮、绣、罗等十余种，可见我国古代丝织品种是多么丰富多彩。

三大名锦与民族民间织花代表

（1）云锦

　　南京云锦是中国传统的丝制工艺品，有"寸锦寸金"之称，至今已有1600年历史。云锦因其色泽光丽灿烂，美如天上云霞而得名，其用料考究，织造精细、图案精美、锦纹绚丽、格调高雅（图6-14），在继承历代织锦的优秀传统基础上发展而来，又融汇了其他各种丝织工艺的宝贵经验，达到了丝织工艺的巅峰状态，代表了中国丝织工艺的最高成就，浓缩了中国丝织技艺的精华，是中国丝绸文化的璀璨结晶。在古代丝织物中的"锦"是代表最高技术水平的织物，而南京云锦则集历代织锦工艺艺术之大成，位于中国古代三大名锦之首，元、明、清三朝均为皇家御用品贡品，因其丰富的文化和科技内涵，被专家称为中国古代织锦工艺史上最后一座里程碑，公认为"东方瑰宝"、"中华一绝"，于2006年列入首批国家级非物质文化遗产名录，2009年9月成功入选联合国《人类非物质文化遗产代表作名录》。

云锦在发展过程中，形成了许许多多的品种。从现在掌握的资料看，大至可以分为妆花、织金、库缎、库锦四类。妆花（图6-15）是云锦中织造工艺最为复杂的品种，也是最具南京地方特色和代表性的提花丝织品种，是在缎、绸、纱、罗等丝织物上用"挖花"技法织出彩色纬花图案，图案布局严谨庄重，纹样造型简练概括，多为大型饱满花纹作四方连续排列，亦有彻幅通匹为一单独、适合纹样的大型妆花织物（如明、清时龙袍、炕褥毯垫等）。其特点是用色多，色彩变化丰富，用色浓艳对比，常以金线勾边或金银线装饰花纹，经白色相间或色晕过渡，以纬管小梭挖花装彩，织品典丽浑厚，金彩辉映，是云锦区别于蜀锦、宋锦等其他织锦的重要特点。织金又名库金，也是因织成以后输入宫廷的"缎匹库"而得名。织金就是织料上的花纹全部用金线织出；也有花纹全部用银线织的，叫做库银。库金、库银属同一个品种，分类上统称之为织金。明、清两代江宁官办织造局生产的织金，金、银线都用真金真银制成，由于金线材料考究，虽经过数百年的时间，至今仍是金光灿烂，光彩夺目（图6-16）。库缎，又名花缎或摹本缎（图6-17），包括起本色花库缎、地花两色库缎、妆金库缎、金银点库缎和妆彩库缎几种。库缎的花纹有明花和暗花两种，明花浮于表面，暗花平板不起花。库锦（图6-18）是在缎地上以金线或银线织出各式花纹丝织品，有二色金库锦和彩花库锦两种，多织小花。前者是金银线并用；后者除用金银线外还夹以二至三色彩绒并织，固定用四五个颜色装饰全部花纹，织造时纬线采用通梭织彩技法，显花的部位，彩纬呈现在织料的正面，不显花的部位，彩纬织进织料的背面。

图6-14 云锦

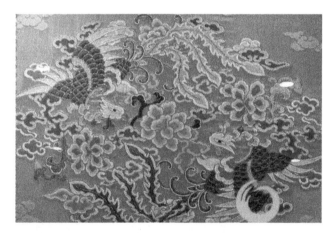

图6-15 妆花云锦

图6-16 织金云锦

图6-17 库缎云锦

图6-18 库锦云锦

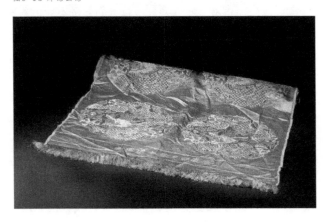

（2）蜀锦

蜀锦是指四川省成都市所出产的锦类丝织品，因产于蜀地而得名。蜀锦多用染色的熟丝线织成，用经线起花，运用彩条起花或用彩条添花，用几何图案组织和纹饰相结合的方法织成（图6-19）。

蜀锦兴于春秋战国而盛于汉唐，至今有2000多年的历史，大多以经线彩色起彩，彩条添花，经纬起花，先彩条后锦群，方形、条形、几何骨架添花，纹样对称，四方连续，色调鲜明对比，是一种具有汉民族特色和地方风格的多彩织锦。蜀锦在中国传统丝织工艺锦缎的生产中，历史最悠久，影响最深远，2006年蜀锦织造技艺经国务院批准列入第一批国家级非物质文化遗产名录。

蜀锦纹样在不同的历史时期具有不同的艺术特征。春秋战国至更早时期，蜀锦纹样从周代的严谨、简洁、古朴的小型回纹等纹样发展到大型写实多变的几何纹样、花草纹样、吉祥如意的蟠龙凤纹等，如"舞人"锦、"龙凤条纹"锦。它们多以几何图案为骨架，人、动物设置巧妙、紧凑、均匀、执章有序。秦汉三国时期，蜀锦纹样特点为飞云流彩。考古出土的古蜀汉锦中，有云气纹、文字纹、动植物等纹样，其中以山状形、涡状流动云纹为主，这种纹饰有云气流动、连绵不绝的艺术效果。祥鸟瑞兽、茱萸是此时期较为具有特色的纹样，茱萸纹也是我国最早出现的植物纹样之一。隋唐时期是蜀锦发展史最光辉的时期，这时期的纹样图案丰富多彩，章彩绮丽（图6-20），尤其流行"团窠"与折枝花样，前者为"陵阳公样"，后者为"新样"。

图6-20 唐代联珠狩猎纹蜀锦

图6-19 对龙对凤彩条几何纹蜀锦（战国）

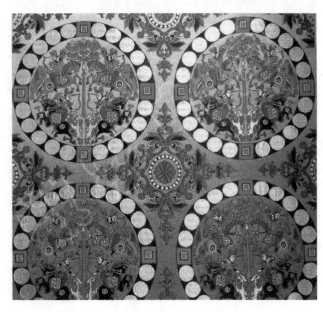

　　"陵阳公样"是益州大行台窦师纶吸收波斯萨珊王朝的文化精华，结合民族文化特点而创造的唐代风行一时的著名锦样，其特点是以团窠为主题，外环围联珠纹，其团窠中央内饰对称，多隐喻吉祥、兴旺，流行长达百年之久。"新样"为唐代开元年间益州司马皇甫所创，主要以花鸟、团花为题材，以对称的环绕和团簇形式表现，与"陵阳公样"的团窠截然不同，后人称之为"唐花"。宋代蜀锦以冰纨绮绣冠天下，技艺之精湛、锦纹之精美，不仅继承了唐代的风格，更有了创新和发展。一方面，写生纹样图案突破了唐代对称纹样与团窠放射式纹样的固定格式；另一方面，又发展应用了满地规则纹样，有了新内容。较有特色的一点是，在圆形、方形、多边几何形图案骨架中几何图案纹的旋转、重叠、拼合、团叠，如"八达晕"锦、"六达晕"锦，均采用了牡丹、菊花、宝相花图案虹形叠晕套色的手法，在纹样的空白处镶以龟背纹连线等规则纹充满锦缎，达到锦上添花的效果，具有特殊风格。此外还有"紫曲水"、"天下乐"等纹样，无疑都是技艺持续发展的见证。元代蜀锦结合了蜀地金箔技艺历史悠久的优势，织造中大量使用了细如发丝的金线，使元代蜀锦特点明显，被称为"纳石夫"或"金搭子"。明代蜀锦继承了唐宋盛行的纹样图案，如卷草、缠枝、散花、折枝花卉等，并生产出了许多著名的锦样，如"太子绵羊"锦、"百子图"锦等。清代特别是晚清时期，蜀锦的染织技艺已经达到炉火纯青的地步，诞生了"晚清三绝"这样难度极大的纹锦，把传统的彩条色彩旋律艺术与创新装饰艺术结合起来，采用了多彩叠晕技术，在丰富的色相、柔和的光晕中点缀各式各样的纹样图案，使蜀锦具有了奇异华丽的效果。现代蜀锦织造技艺仍然在不断发展，在传统手工蜀锦织造技艺之上，加入了通经断纬的小梭挖花工艺，突破了蜀锦小花楼木织机织造单元纹样只能在20cm左右的局限，让之在精巧设计构思后，能织造出大花蜀锦。现代蜀锦的品种有月华三闪锦（图6-21）、雨丝锦（图6-22）、方方锦（图6-23）、条花锦、铺地锦、散花锦、浣花锦、民族缎八种，用染色熟丝织造，质地坚韧，色彩鲜艳。

图6-21 蜀锦 月华锦

图6-22 蜀锦 雨丝锦

（3）宋锦

宋锦起源于宋代，主要产地在苏州，故又称之为苏州宋锦。宋高宗为了满足当时宫廷服饰及书画装裱大力推广宋锦，并专门在苏州设立了宋锦织造署。苏州是我国著名的丝绸古城，为锦绣之乡、绫罗之地。苏州宋锦（图6-24）色泽华丽，图案精致，质地坚柔，它与南京云锦、四川蜀锦一起，被誉为我国的三大名锦。宋锦2006年被列入第一批国家级非物质文化遗产名录，2009年9月联合国教科文组织又将宋锦列入了世界非物质文化遗产。

宋锦的制作工艺较为复杂，以经线和纬线同时显花为主要特征。染色需用纯天然的天然染料，先将丝根据花纹图案的需要染好颜色才能进入织造工序。染料挑选极为严格，大多是草木染，也有部分矿物染料，全部采用手工染色而成。宋锦图案一般以几何纹为骨架，如八达晕、连环、飞字、龟背等，内填以花卉、瑞草、八宝、八仙、八吉祥等（图6-25）。八宝指古钱、书、画、琴、棋等，八仙是扇子、宝剑、葫芦、柏枝、笛子、绿枝、荷花等，八吉祥则指宝壶、花伞、法轮、百洁、莲花、双鱼、海螺等。在色彩应用方面，多用调和色，一般很少用对比色。宋锦织造工艺独特，经丝有两重，分为面经和底经，故又称重锦。宋锦图案精美、色彩典雅、平整挺括、古色古香，可分大锦、合锦、小锦三大类。大锦组织细密、图案规整、富丽堂皇，常用于装裱名贵字画、高级礼品盒，也可制作特种服装和花边。合锦用真丝与少量纱线混合织成，图案连续对称，多用于画的立轴、屏条的装裱和一般礼品盒。小锦为花纹细碎的装裱材料，适用于小件工艺品的包装盒等。

图6-23 蜀锦 方方锦

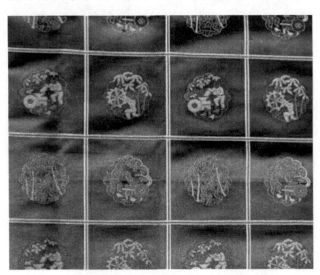

图6-24 宋锦

图6-25 几何骨架宋锦图案

（4）民族民间织花代表

①土家织锦。土家织锦是武陵山区土家族人的西兰卡普，民间称为"打花"，传统织锦多作铺盖用（图6-26），也可以用于香袋、服饰、旅游袋、沙发套、靠垫、室内装饰、披甲、背袋等，美不胜收（图6-27～图6-32）。这必须对样式花纹及色彩勾勒有纯熟的记忆才能织好。这种织法织出来的产品美观整齐，结实耐用，光泽永存。其画面多姿多彩，用色常借鉴艳丽的鲜花、鸳鸯的羽毛、天空的晚霞和雨后彩虹，色彩秀丽，自然生动；也有的受宗教绘画的影响，具有素雅、古朴、沉着的特点。在纹样组织结构上，多以菱形结构、斜线条为主体（图6-33），讲究几何对称，反复连续，共有上百种传统纹样。

图6-29 土家织锦 小包

图6-30 土家织锦 鞋

图6-26 土家织锦 床上用品

图6-27 土家织锦 服装
图6-28 土家织锦 围巾

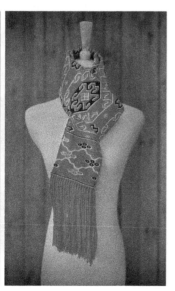

图6-31 土家织锦 靠枕

图6-32 土家织锦 装饰画

②黎族织锦。黎族织锦产于海南岛的黎族居住区，有悠久的历史。黎锦多用于妇女筒裙、摇兜等生活用品，也可以用于上衣、裤料、被单、头巾、腰带、挂包、披肩、鞋帽等。黎锦的图案有100多种，其内容主要是反映黎族社会生产、生活、爱情婚姻、宗教活动以及传说中吉祥或美好形象物等，大体可分为人形纹、动物纹、植物纹、几何纹以及反映日常生活生产用具、自然界现象和汉字符号等的纹样。其中人形纹主要有婚礼图、舞蹈图、青春幸福图、百人图、丰收欢乐图、人丁兴旺图、放牧图、吉祥平安图等，它寄寓了人们对生育繁衍、人丁兴旺、子孙满堂和追求美好生活的强烈愿望（图6-34）；动物纹主要有龙凤、青蛙、黄猄、水牛、水鹿、鱼虾、乌鸦、鸽子、蜜蜂、蝴蝶等（图6-35）；植物纹主要有木棉花、泥嫩花、龙骨花、竹叶花等花卉，以及藤、树木、青草等；几何纹大多是利用直线、平行线、方形、菱形、三角形等组成的纹样，以抽象的图案表现在服饰上，反映出原始思维的某些特征。在色彩上，黎族织锦善于运用明暗间色，青、红、黑、白等色互相配合，形成色彩对比强烈的艺术效果。

③苗族织锦。苗族织锦同银饰、刺绣、蜡染一起，被称为苗族四大服饰工艺，是苗族人民传统生活用品、工艺美术品。苗锦原料一般采用彩色经纬丝，基本组织为人字斜纹、菱形斜纹或复合斜纹，多用小型几何纹样，可以用来镶嵌苗族服装衣领、衣袖或其他装饰（图6-36～图6-39）。苗锦制作比较费时，但纹样色彩优美，富有民族风格，深受民间喜爱。

图6-33 土家织锦纹样

图6-34 黎锦人形纹

图6-35 黎锦动物纹

图6-36 苗锦1

图6-37 苗锦2

图6-38 苗锦3

图6-39 苗锦4

图6-40 傣锦1

④傣族织锦。傣族织锦是流传在傣族民间的一种古老的手工纺织工艺品，具有浓郁的地方特色和少数民族特色，主要产地分布于傣族世居的云南德宏、西双版纳、耿马、孟连等地的河谷平坝地区，以及景谷、景东、元江、金平等县和金沙江流域一带。傣锦织幅一般为33cm，长约50cm，多用作筒帕、被面、床单、妇女筒裙、结婚礼服和顶头帕等，亦作工艺美术装饰织物。傣锦织工精巧，图案别致，色彩艳丽，坚牢耐用。它的图案有多种珍禽异兽、奇花异草和几何图案等（图6-40～图6-43），每一种图案的色彩、纹样都有具体的内容，是人们对生活的反映，有的也可能带有某种权势、宗教的意念和涵义。如红、绿色是为了纪念祖先，孔雀图案象征吉祥，人象图案象征五谷丰登，这些寓意深远、色彩斑斓的图案，充分显示了傣族人民的智慧和对美好生活的追求和向往。此外，生活中一些不被人看重的小昆虫，经简化或夸张变形等处理，抽象为几何纹样，用"人化"了的自然，增加装饰性，比其自身会显得更美。

图6-42 傣锦3

图6-41 傣锦2

图6-43 傣锦4

⑤侗族织锦。侗族织锦是侗族众多民间工艺品中的一朵奇葩，是侗族人民在长期的生产与社会生活中，广泛传承下来的一种具有实用价值与欣赏价值的民间工艺品（图6-44、图6-45）。侗锦用木棉线染成五色织成，花纹主要有花木形，如芙蓉、牡丹、月季、玫瑰等；鸟兽形，如对凤、鸳鸯、麻雀、春燕、牛羊等；物器形，如花桥、鼓楼、月亮、星星、水波、银钩等；还有几何图案，色彩绚丽，图案大方，结构十分精密严谨（图6-46）。侗锦以湖南通道、贵州黎平和广西三江所产的最为有名，这三地的侗锦做工精细，采用对比强烈的色泽，配上绚丽多姿的各种图案，具有浓艳粗犷的艺术风格（图6-47）。侗锦主要用于衣裙、被面、门帘、背包、胸巾、枕头、头帕、绑腿、侗带等织物的镶边或整面之用，如今心灵手巧的侗族妇女们把侗锦制成式样新颖的背包、壁挂、家纺等，成了市场上的新宠（图6-48~图6-51）。

图6-45 侗锦2

图6-44 侗锦1

图6-46 侗锦几何纹

图6-47 湖南通道侗锦

图6-49 侗锦 围巾

图6-48 侗锦 服装

图6-50 侗锦 家纺

图6-51 侗锦 壁挂

图6-52 刺绣精品

6.3　刺绣图案

刺绣的发展

刺绣，古代称之为针绣，是用绣针引彩线，将设计的花纹在纺织品上刺绣运针，以绣迹构成花纹图案的一种工艺（图6-52）。它是中国民间传统手工艺之一，至少有二三千年的历史。

中国刺绣起源很早，相传"舜令禹刺五彩绣"，夏、商、周三代和秦汉时期得到发展，从早期出土的纺织品中，常可见到刺绣品，早期的刺绣遗物显示：周代尚属简单粗糙；战国渐趋工致精美，这时期的刺绣用的都是辫子绣针法，也称辫子绣、锁绣。湖北江陵马山硅厂一号战国楚墓出土的绣品，有对凤、对龙纹绣、飞凤纹绣、龙凤虎纹绣禅衣等，都是用辫子股施绣而成，并且不加画填彩，这标志着此时的刺绣工艺已发展到相当成熟阶段。汉代，刺绣开始展露艺术之美。因为汉代时国家经济繁荣，百业兴盛，丝织造业尤其发达；加之当时社会富豪崛起，形成新消费阶层，刺绣供需应运而生，不仅已成民间崇尚广用的服饰，手工刺绣制作也迈向专业化，技艺突飞猛进。最具代表性的是湖南长沙马王堆汉墓出土的刺绣残片，它们虽已在地下埋藏了几千年，但出土时仍然精美绝伦，配色、针工都运用得恰到好处。唐代刺绣应用很广，针法也有新的发展，一般用作服饰用品的装饰，做工精巧，色彩华美。此外，还用于绣作佛经和佛像，为宗教服务。唐代刺绣的针法，除了运用战国以来传统的辫绣外，还采用了平绣、打点绣、纭裥绣等多种针法。刺绣工艺发展到唐宋时期已有数十种针法，其风格也逐渐形成了各个地域的不同特色。刺绣不仅绣在服饰上，而是从服饰上的花花草草发展到了纯欣赏性的刺绣画、刺绣佛经、刺绣佛像等。据传武则天时，曾下令绣佛像四百余幅，赠予寺院及邻国，由此可见唐代绣佛像已非常盛行。宋代由于朝廷的奖励提倡，手工刺绣达到了发展高峰的时期，不仅产品质量空前，而且在开创纯审美的艺术绣方面，更堪称绝后，常结合书画艺术，以名人作品为题材，追求绘画的精致和境界。元代刺绣的观赏性虽远不及宋代，但也继承了宋代写实的绣理风格。

入主中原的元人，在全国各地广设绣局，刺绣的审美和功用，越来越趋于美术化。元代各地绣局仍沿着宋人路子，刺绣名人书画或花卉写生，但工不如宋。明代是中国手工艺极度发达的时代，继承了宋代优良的刺绣。在用途上，广泛应用流行于社会各阶层，与后来清代一起成为了中国历史上刺绣流行风气最盛的时期。在绣艺方面，一般实用绣作，品质普遍提高，材料改进精良，技巧娴熟精练，而且趋向迥异宋代的繁缛华丽的风尚；艺术绣作，承袭宋代优秀传统，并能推陈出新。在衍生其他绣类方面，刺绣原本仅以丝线为材料，明代开始有人尝试利用别的素材，于是有透绣、发绣、纸绣、贴绒绣、戳纱绣、平金绣等出现，扩大了刺绣艺术的范畴。清代初中时期，国家繁荣，百姓生活安定，刺绣工艺得到了进一步地发展和提高，所绣物像变化较大，富于很高的写实性和装饰效果，又由于它用色和谐和喜用金针及垫绣技法，故使绣品纹饰具有题材广泛、造型生动、形象传神、独具异彩、秀丽典雅、沉稳庄重的艺术效果。清代地方性绣派如雨后春笋般兴起，著名的除有"四大名绣"苏绣、粤绣、蜀绣、湘绣之外，还有京绣、鲁绣等，各具特色、争奇斗妍。民国时期，百姓生活困苦，艺人们也都在颠沛流离中疲于解决生存问题，根本无暇顾及业余的生活和艺术创作的追求。因此，民国刺绣的发展几乎停步，从艺术和观赏角度出发的刺绣艺术精品非常罕见。解放初期，中国的手工刺绣工艺达到一个新的历史高点，但是由于国家局势与各种条件的限制，所有绣品的题材选择基本都带有鲜明的时代特色，作品题材局限于描写国家的建设、政治人物或者突出解放初期人民群众政治生活与政治精神面貌的作品。随着科技的进步，传统的手工绣花必定要向机器绣花转化。1964年，日本开始生产"田岛"牌多头自动绣花机。1970年电子技术应用于飞梭绣花机，带来了绣花机技术的更新换代。1973年，田岛首次推出具有换色功能的6针机，之后就出现了电脑多头绣花机。1999年，深圳富怡开始从事绣花机制造、绣花软件设计、磁碟机生产、网络系统开发和服装CAD业务，建立起全国性的销售和网络支持。此后的中国，绣花工业蒸蒸日上，绣花产品在风格上求新、设计上求异、工艺上求精，以适应不同的审美需求。

刺绣的针法

（1）刺绣的工艺要求

刺绣的工艺要求是顺，齐，平，匀，洁。顺是指直线挺直，曲线圆顺；齐是指针迹整齐，边缘无参差现象；平是指手势准确，绣面平服，丝缕不歪斜；匀是指针距一致，不露底，不重叠；洁是指绣面光洁，无墨迹等污渍。

（2）刺绣的针法

刺绣的针法有直绣、盘针、套针、擞和针、抢针、平针、散错针、编绣、绕绣、施针、辅助针、变体绣等，丰富多彩，各有特色。

①直绣。直绣有直针和缠针两种。直针完全用垂直线绣成形体，线路起落针全在边缘，全是平行排比，边口齐整。配色是一个单位一种色线，没有和色。针脚太长的地方就加线钉住，后来就演变成铺针加刻的针法了。缠针是用斜行的短线条缠绕着形体绣作，由这边起针到那边落针，方向是一致的。

②盘针。盘针是表现弯曲形体的针法。包括切针、接针、滚针、旋针四种。其中切针最早，以后发展到旋针。

③套针。套针始于唐代，盛行于宋代，至明代的露香园顾绣，清带的沈寿时，就进一步发展了。套针分单套和双套等。单套，又名平套，其绣法是第一批从边上起针，边口齐整；第二批在第一批之中落针，第一批需留一线空隙，以容第二批之针；第三批需转入第一批尾一厘许，尔后留第四批针的空隙；第四批又接入第二批尾一厘许……；其后，依此类推。双套的绣法与单套的绣法相同，只是比单套套得深，批数短，它以第四批和第一批相接，即第二批接入第一批四分之三处，第三批接入第一批四分之二处，第四批接入第一批四分之一处。

④擞和针。又称长短针，这种针法是长短针参差互用的，后针从前针的中间屫出，边口不齐，有调色和顺的长处，可用来绣仿真形象。

⑤抢针。又叫戗针，是用短直针顺着形体的姿势，以后针继前针，一批一批地抢上去的针法。可以说，这种针法是直针的发展。

⑥平针。平针是用金银线代替丝线的绣法。其方法是先用金线或银线平铺在绣地上面，再以丝线短针扎上，每针距离一分到一分半，依所绣纹样而回旋填满，有二、三排的，也有多排的。扎的线要对花如十字纹，如同扎鞋底花纹。

⑦乱针。乱针是杨守玉先生在20世纪40年代创造的绣法。这种针法是不规则地用针用线，用长短色线交叉重叠成形，先以混合色线为底，再交叉重叠其他色线，根据底色来调和，交叉重叠次数不拘，直到形似为止。

⑧编绣。它是一种类似编织的绣法，包括戳纱、打点、铺绒、网绣、夹锦、十字桃花、绒线绣等。这些针法都适用于绣图案花纹，所以也可将它们称为"图案绣"。

⑨绕绣。这是一种针线相绕、扣结成绣的针法。打籽、拉锁子、扣绣、辫子股和鸡毛针，都属于这一类。其中打籽是苏绣传统针法之一，可以用此种针法绣花蕊，也可以独立地绣装饰图案画（图6-53、图6-54）。

⑩施针。施针是加于他针的针法。这种针法要求疏而不密，歧而不并，活而不滞，参差而不齐。

图6-54 打籽绣花瓶

图6-53 打籽绣花瓶局部

⑪辅助针。这类针法不是独立绣形体的针法，而是为了增强所绣景物形似程度和神情的生动性所采用的辅助性针法，包括辅针、扎针、刻鳞针等。在需要用施针、刻鳞针时，先用长直针刺绣，使之满如平绣，这就是辅针。扎针适宜绣鹤、鹭、一面、鹰、鸡、鸦、鹊之类的鸟爪，绣时先用直针，再把横针加在直针上面，如同扎物，最后扎成鸟爪的纹。刻鳞针是绣制有鳞状形象的针法，如扎鳞、抢鳞、叠鳞、施鳞等。

⑫变体绣。刺绣中，有一些借助于其他工具、材料和工艺方法，使常规刺绣发生变化的特殊绣法，就是变体绣，其中包括染绣、补画绣、借色绣、高绣、摘绫和剪绒等。染绣是从元代开始的，元代绣品中的人物、花鸟多用墨描眉目，以画代绣。借色绣是绣、画并行的方法，主要有三种情况：第一种是借绣面画稿的着色以助匀密；第二种是在画好的绣面上，顺着画的笔势，用稀稀的线条绣在上面，以表现光彩；第三种是借绣底的颜色以减少刺绣工时的方法。补画绣也是一种画、绣并行的方法，但它只绣画面的一小部分形象或者绣其中的主要部分加以点缀。高绣是使所绣物体的一部分高起，使所绣形象的立体感增强。摘绫是以薄绫摘成花朵，而另用线缀在绣片上。剪绒原是西洋绣法，因为简单易学，所以民间常用它来绣儿童的围涎、枕套之类，也可以用这种方法绣制艺术品。

四大名绣

四大名绣指的是汉民族传统刺绣工艺中的苏绣、湘绣、蜀绣和粤绣。苏绣产于东部江苏省，湘绣产于中部湖南省，蜀绣产于西部四川省，粤绣产于南部广东省。

（1）苏绣

苏绣的发源地在苏州吴县一带，是以江苏苏州为中心包括江苏地区刺绣产品的总称。因苏州地处江南，滨临太湖，气候温和，盛产丝绸，所以素有妇女擅长绣花的传统习惯。优越的地理环境，绚丽丰富的锦缎，五光十色的花线（图6-55），为苏绣发展创造了有利条件。苏绣自古以精细素雅著称，其构图简练、主题突出、图案秀丽、色彩和谐、线条明快、针法活泼、绣工精细，被誉为"东方明珠"（图6-56）。

从欣赏的角度来看，苏绣作品的主要艺术特点为：山水能分远近之趣；楼阁具现深邃之体；人物能有瞻眺生动之情；花鸟能报绰约亲昵之态（图6-57～图6-59）。苏绣中仿画绣、写真绣逼真的艺术效果闻名天下（图6-60）。

图6-55 苏绣花线

图6-56 苏绣作品

图6-57 苏绣 风景

在刺绣的技艺上，苏绣大多以套针为主，绣线套接不露针迹，常用三四种不同的同类色线或邻近色线相配，套绣出晕染自如的色彩效果。同时，在表现物象时善留"水路"，即在物象的深浅变化中，空留一线，使之层次分明，花样轮廓齐整（图6-61）。因此，人们在评价苏绣时往往以"平、齐、细、密、匀、顺、和、光"八个字概括之。

经过长期的积累，苏绣已发展成为一个品种齐全，变化多样的一门完整艺术，包括装饰画，如油画系列、国画系列、水乡系列、花卉系列、贺卡系列、鸽谱系列、花瓶系列等（图6-62～图6-64），以及实用品服饰、手帕、围巾、贺卡等（图6-65～图6-67）。

图6-59 苏绣 花卉

图6-60 苏绣 写真绣

图6-58 苏绣 孔雀

图6-61 苏绣 留"水路"技法

图6-62 苏绣 装饰画

图6-63 苏绣 花卉

图6-66 苏绣 服饰

图6-64 苏绣 水乡

图6-67 苏绣 围巾

图6-65 苏绣 手帕

（2）湘绣

湘绣是以湖南长沙为中心的湖南刺绣产品的总称，是勤劳智慧的湖南汉族劳动人民在漫长的人类文明历史的发展过程中，精心创造的一种具有湘楚文化特色的民间工艺（图6-68）。湘绣传统上有72种针法，分平绣类、织绣类、网绣类、纽绣、结绣类五大类，还有后来不断发展完善的鬅毛针以及乱针绣等针法。湘绣擅长以丝绒线绣花，绣品绒面的花型具有真实感，曾有"绣花能生香，绣鸟能听声，绣虎能奔跑，绣人能传神"的美誉。

湘绣艺术特色，主要表现为形象生动、逼真、质感强烈，它是以画稿为蓝本，"以针代笔"，"以线晕色"，在刻意追求画稿原貌的基础上进行艺术再创造，故其独特技艺，尽在"施针用线"之中。湘绣针法多变，以掺针为主，并根据表现不同物象、不同部位自然纹理的不同要求使用各种不同的针法。湘绣色彩丰富饱满、色调和谐。湘绣的图案借鉴了中国画的长处，所绣内容多为山水、人物、走兽等（图6-69、图6-70），尤其是湘绣的狮、虎题材，形象逼真，栩栩如生（图6-71）。

图6-68 湘绣

图6-69 湘绣 山水

图6-70 湘绣 人物
图6-71 湘绣 走兽

图6-72 湘绣 狮

图6-73 湘绣 双面绣

图6-74 湘绣 屏风

湘绣绣品丰富多样，主要有单面绣、双面绣、条屏、屏风、画片、被面、枕套、床罩、靠垫、桌布、手帕、各种绣衣以及宫廷扇、绣花鞋、手帕、围巾等各种生活日用品（图6-73、图6-74）。

（3）蜀绣

蜀绣又名川绣，是在丝绸或其他织物上采用蚕丝线绣出花纹图案的中国传统工艺，主要指以四川成都为中心的川西平原一带的刺绣。

蜀绣的特点是形象生动，色彩艳丽，富有立体感，短针细密，针脚平齐，片线光亮，变化丰富（图6-75）。蜀绣题材多为花鸟、走兽、山水、虫鱼、人物，讲究"针脚整齐、线片光亮、紧密柔和、车拧到家"，充分发挥了手绣的特长，具有浓厚的地方风格（图6-76～图6-79）。蜀绣技法甚为独特，至少有100种以上精巧的针法绣技，如五彩缤纷的衣锦纹满绣、绣画合一的线条绣、精巧细腻的双面绣，以及晕针、纱针、点针、覆盖针等都是十分独特而精湛的技法，这些传统技艺既长于刺绣花鸟虫鱼细腻的工笔（图6-80），又善于表现气势磅礴的山水图景，刻画的动物也栩栩如生（图6-81～图6-83）。新中国成立以来针法绣技又有所创新，如表现动物皮毛质感的"交叉针"，表现人物发髻的"螺旋针"，表现鲤鱼鳞片的"虚实覆盖针"等，大大丰富了蜀绣的表现形式和艺术风格。

蜀绣以软缎和彩丝为主要原料，产品丰富，品种除了绣屏之外，还有被面、枕套、靠垫、桌布、头巾等。

图6-75 蜀绣

图6-76 蜀绣 花卉

图6-79 蜀绣 走兽

图6-80 仿工笔画蜀绣

图6-77 蜀绣 鱼

图6-78 蜀绣 人物

图6-81　蜀绣　熊猫

图6-82　蜀绣　小猫

图6-83　蜀绣　仙鹤

图6-84 粤绣

图6-85 潮绣《虎啸万里》（孙庆先）

（4）粤绣

粤绣是以广东省潮州市和广州市为生产中心的手工丝线刺绣的总称（图6-84）。粤绣包括潮绣和广绣两大流派，其针法各有不同，潮绣有绒绣、钉金绣、金绒混合绣、线绣等，同时艺人还运用了折绣、插绣、金银勾勒、棕丝勾勒等多种技巧，使潮绣在"绣、钉、垫、贴、拼、缀"等技艺上更趋完善，产生"平、浮、突、活"的艺术效果（图6-85）；广绣有直扭针、捆咬针、续插针、辅助针、编绣、饶绣、变体绣、平绣、织锦绣、饶绣、凸绣、贴花绣等。广绣创始于少数民族，明中后期形成特色，其特色有五：一是用线多样，除丝线、绒线外，也用孔誉毛捻楼作线，或用马尾缠绒作线；二是用色明快，对比强烈，讲求华丽效果；三是多用金线作刺绣花纹的轮廓线；四是装饰花纹繁缛丰满，热闹欢快，常用百鸟朝凤、海产鱼虾、佛手瓜果一类有地方特色的题材；五是绣工多为男工所任，例如广绣大师、广绣行业里最后的"花佬"许炽光。

粤绣除采用丰富而多变的针法外，在创作设计方面还注重内蕴，善于把寓意吉祥和美好的愿望融入绣品中。在创作方法上采用了源于生活而又重视传统，不满足于现实的描绘而追求着更为美好的理想，与此同时，还善于涉取绘画和民间剪纸等多种艺术形式的长处，使绣品的构图饱满、繁而不乱、针步均匀、光亮平整、纹理清晰分明、物像形神兼备、栩栩如生、惟妙惟肖，充分地体现了粤绣的地方风格和艺术特色。

粤绣题材广泛，其中以龙、凤、牡丹、百鸟朝凤、南国佳果（如荔枝）、孔雀、鹦鹉、博古（仿古器皿）等传统题材为主（图6-86～图6-88）。

图6-86 粤绣 花鸟图

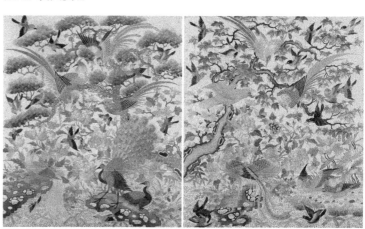

图6-87 粤绣 孔雀图

图6-88 粤绣 龙凤呈祥

6.4　手工染织图案

扎染

扎染古称扎缬、绞缬、夹缬和染缬，它是以棉白布或棉麻混纺白布为原料，在染色时将部分织物结扎起来使之不能着色的一种染色方法，是中国民间传统而独特的染色工艺（图6-89）。

扎染的主要步骤有设计图案、绞扎、浸泡、染布、蒸煮、晒干、拆线、漂洗、碾布等，其中最的关键是扎结手法和染色技艺。扎结是通过纱、线、绳等工具，对织物进行扎、缝、缚、缀、夹等（图6-90~图6-92），其目的是起到防染作用，使被扎结部分保持原色，而未被扎结部分均匀受染，从而形成深浅不均、层次丰富的色晕和皱印。织物被扎的愈紧、愈牢、防染效果愈好。染色的主要染料来自苍山上生长的蓼蓝、板蓝根、艾蒿等天然植物的蓝靛溶液，尤其是板蓝根。扎染的步骤是先将扎好"疙瘩"的布料先用清水浸泡一下，再放入染缸里，或浸泡冷染，或加温煮热染，如图6-93，经一定时间后捞出晾干，也可根据颜色深浅的需要反复此过程。扎染形成蓝白二色为主调所构成的宁静平和世界，即用青白二色的对比来营造出古朴的意蕴，且青白二色的结合往往给人以"青花瓷"般的淡雅之感。当然，扎染也可以染成其他彩色，如图6-94和图6-95。令人惊奇的是扎结每种花，即使有成千上万朵，结果都不会有完全相同的两朵，这就是手工染织的独特艺术效果，是机械印染工艺难以达到的（图6-96）。

随着当今市场需求的扩大，扎染图案也越来越复杂和多样化，扎染艺术倍受国内外消费者的追求和青睐，普遍应用于服装、服饰配件、家纺和旅游产品上（图6-97~图6-105），显得稚拙古朴，新颖别致，甚至被影楼用于婚纱衬景，效果古朴典雅、别具一格。

图6-89 扎染

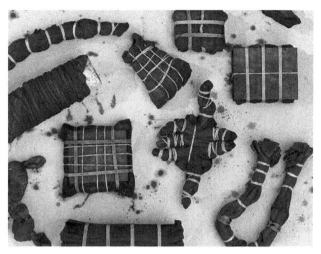

图6-92 扎结图示3

图6-90 扎结图示1

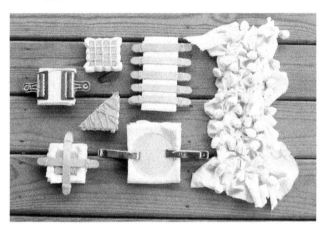

图6-93 扎染染色

图6-94 多彩扎染1

图6-91 扎结图示2

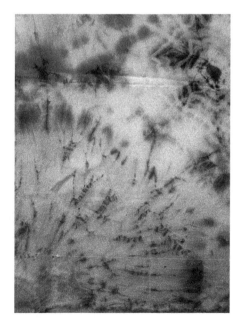

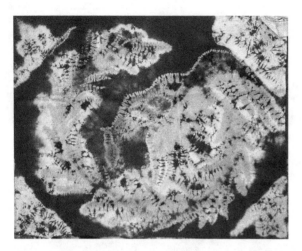

图6-95 多彩扎染2

图6-96 扎染

图6-97 扎染上衣

图6-98 扎染裙装

图6-99 扎染围巾

图6-101 扎染床品

图6-100 扎染座椅

图6-102 扎染靠垫

图6-103 扎染封面

图6-104 扎染玩偶

图6-105 扎染背包

蜡染

蜡染是中国古老的民族民间传统纺织印染手工艺，贵州、云南苗族、布依族等民族尤其擅长蜡染。蜡染是用蜡刀蘸熔蜡绘花于布后以蓝靛浸染，然后去蜡呈现出蓝底白花或白底蓝花的多种图案，色调素雅，风格独特（图6-106）。由于蜡画胚布不断地被翻卷侵染，作为防染剂的蜡通常会自然龟裂，染液便随着裂缝浸透在白布上，留下了人工难以摹绘的天然花纹，像冰花，像龟纹，又似瓷釉的"开片"，我们称之为"冰裂纹"，它是蜡染中最具特点的一种纹理，具有极强的艺术效果（图6-107）。

图6-106 蜡染

图6-107 蜡染冰裂纹

绘制蜡花的工具不是毛笔，而是一种自制的钢刀。因为用毛笔蘸蜡容易冷却凝固，而钢制的画刀便于保温。这种钢刀是用两片或多片形状相同的薄铜片组成，一端缚在木柄上，刀口微开而中间略空，以易于蘸蓄蜂蜡（图6-108）。根据绘画各种线条的需要，有不同规格的钢刀，一般有半圆形、三角形、斧形等。蜡染的基本原理是在需要白色花型的地方涂抹蜡质（古代是蜂蜡，现代是石蜡、蜂蜡、木蜡等混合蜡），如图6-109和图6-110所示，或者以敲印章的形式涂上蜡（图6-111），然后将没有涂蜡的地方染成蓝色，有蜡的地方自然会留白。但无论是哪种蜡，在高温下都会融化，因此用于蜡染的染料只能在低温下染布。而且古代没有化学染料，只有天然植物染料，能满足低温染色的只有靛蓝一种，靛蓝染料可以采用蓼科的蓼蓝、十字花科的菘蓝、豆科的木蓝等多种植物茎叶发酵制造而成。而其他植物染料，如红色的红花、茜草和黄色的栀子、姜黄，还有绿色等植物染料只能在较高温度的热水中才能上染棉布，否则就很容易掉色。可是，在这种高温下，蜂蜡已经融化，无法保持防止染色的花形，因此古代是很难做出其他颜色的蜡染花布来的。在现代印染工业中，大量使用的X型活性染料都是低温型的，可以在20～35℃以下染色，而且色谱齐全，因此，现代蜡染工艺品可以通过多次分色封蜡，做到五彩缤纷(图6-112)。但是，从绿色环保的角度来说，还是靛蓝蜡染布更加安全、更加健康。

由于蜡染图案丰富、朴实大方、清新悦目、极具特色，被人们广泛地应用于服装服饰、室内装饰及各种生活实用品之上，如图6-113～图6-120所示。

图6-109 上蜡1

图6-110 上蜡2

图6-111 上蜡3

图6-108 蜡染工具钢刀

图6-112 五彩蜡染

图6-114 蜡染装饰画

图6-115 蜡染服饰

图6-113 蜡染围巾

图6-116 蜡染封皮

图6-118 蜡染小包

图6-117 蜡染窗帘

图6-119 蜡染靠垫

图6-120 蜡染桌布

图6-121 真丝绸料

真丝手绘

真丝手绘，顾名思义即在真丝面料上手绘花样或图案。其工具和材料主要包括：①绸料（图6-121），素绉缎、双绉、乔其纱等均可；②酸性染料（图6-122）；③阻色剂（图6-123）；④绘制工具，含画框、毛笔、阻色剂特制笔（图6-124、图6-125）、染液容器、调色盘、水桶等；⑤后处理工具蒸锅或蒸箱。

图6-124 注射器阻色剂笔

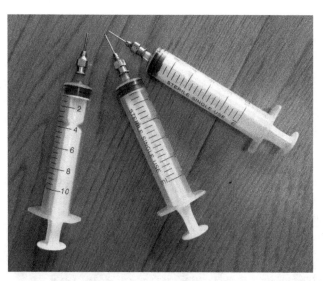

图6-122 酸性染料、调色盘、水桶、画笔

图6-125 滴胶瓶阻色剂笔

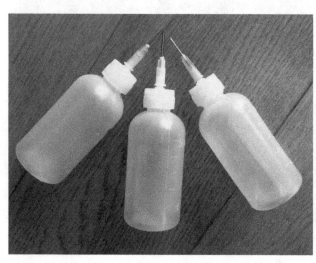

图6-123 阻色剂

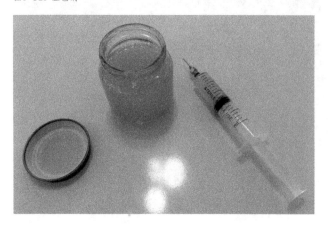

　　真丝手绘的主要工艺流程有煮染料、绷绸料、起稿与阻色剂勾绘、上色、后处理（蒸化、漂洗）。图6-126是用天平秤好的染料；图6-127为按比例配好水并煮沸；图6-128把烧好的染料储存在容器中；图6-129将绸料紧绷在画框上；图6-130起稿并用阻色剂勾绘，因为染料在丝绸面料上的渗透力极强，所以要用阻色剂勾勒封闭才能塑造出具象形态，既可以使用无色阻色剂勾出透明的白边，也可以在阻色剂中添加酸性染料粉末，勾出其他颜色的边（图6-131）；图6-132和图6-133为上色和完成稿；然后在图6-134这样的蒸箱中进行后处理，即高温固色；最后在较大的水池中漂洗、去浮色。

　　其中，在上色的过程中，还可以使用撒盐、滴清水或渗透剂、喷绘、刮绘等特殊技法，获得意想不到的肌理效果。图6-135 ~ 图6-138是通过撒盐制作而成的，这种方法会因为染料颜色的不同和画面水分的多少而得到不同的艺术效果。

　　真丝手绘艺术的一个显著特点就是酸性染料纯度高，画面色彩鲜艳、表现丰富、装饰性强，所以特别适合做服装、围巾和室内装饰艺术等（图6-139 ~ 图6-141）。

图6-127 煮染料

图6-128 用容器装好的染料

图6-129 绸料绷框

图6-126 秤好的酸性染料

图6-130 起稿、无色阻色剂勾绘 樊雪

图6-133 完成稿 樊雪

图6-131 有色阻色剂勾绘 孟东杰

图6-134 蒸箱

图6-132 上色 樊雪

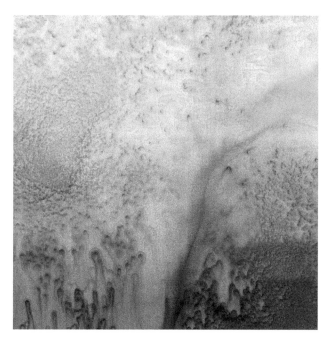

图6-135 撒盐效果1

图6-136 撒盐效果2

图6-137 撒盐效果3

图6-138 撒盐效果4

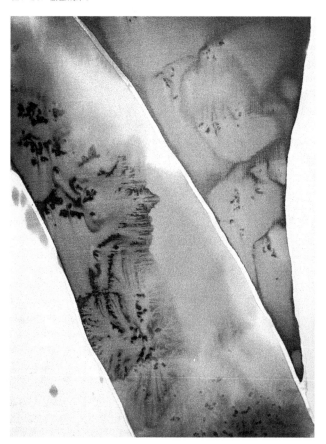

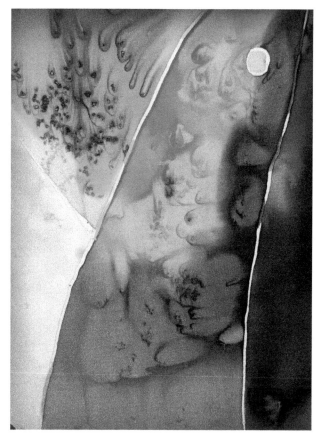

图6-139 真丝手绘服装

图6-140 真丝手绘围巾

图6-141 真丝手绘装饰画 谭颖

第 7 章　纺织品图案的配套设计

　　随着人们收入水平的提高和住房条件的改善，人们的消费观念也发生了很大的变化，对服装服饰的配套搭配和家居纺织品的整体设计提出了更高的要求。于是，纺织产品的系列化和配套化已成为一种消费观念并推动着纺织品艺术设计的发展，同时，工业、经济和文化的发展也给纺织品设计的提升创造了有利条件。

　　纺织面料的美感主要由花型、色彩、风格、材料和工艺等形成。配套设计就是要在这些美感因素上取得一定的关联性，一项或者多项关联均可以带给人们整体配套的感觉。所以，纺织品图案的配套设计，主要应该从花型、色彩、风格等方面着手，通过巧妙使用某些共同因素而达到图案配套的目的。服装与服饰配件的配套，包括鞋帽、围巾、包、首饰等；家用纺织品的配套，包括床上用品、窗帘、沙发布艺、靠垫、地毯、墙布和纤维艺术品等，都可以提升人们的生活品质。

7.1　花型的配套

　　花型是纺织品图案设计中的一个重要因素，无论是具象图案还是抽象图案，其表现力都相当丰富而富于变化。花型配套是比较常用的一种方法，指图案的花型相同或相似，在其色彩、表现手法和花型的大小、疏密、多少、虚实及排列布局上求得变化以达到协调配套的艺术效果，从而满足消费者的不同购买需求。图7-1和图7-2是服装的花型配套，其中图7-1中裙子下摆的一圈装饰与上衣的几何图案在花型上进行了配套，图7-2属于不同组织结构的同一花型配套。图7-3床上用品的被子和白底枕头属于不同颜色的同一花型配套，使得这套床上用品看上去既整体又富有变化。

图7-1　服装花型配套1

7.2　色彩的配套

　　俗话说"远看颜色近看花"，可见色彩是最先影响人们选择纺织品的重要因素，设计师把握好产品的色彩十分关键，因为色彩会直接影响到消费者是否购买该纺织品，如果他对产品色彩不满意，其他方面如款式或面料再好可能都会放弃。

　　色彩配套是指图案的色彩相同或相近，在图案题材、风格、肌理等其他方面变化以求得统一配套的方法（图7-4）。也可以就同一套颜色改变在不同织物上所占的比例，可形成不同的色调感觉，但因为是同一套色，所以能达到和谐的配套效果。图7-5中外面黑色小外套的装饰图案为变形花卉，里面是几何形的裙装，图案种类虽不一致，但它们在色彩上进行了配套，所以整套服装看上去依然和谐。图7-6中被套上的图案是可爱的不同形态小刺猬，而白底枕头上的花纹是几何三角形、心形等，但由于色彩的配套，这套儿童床上用品显得既整体又活泼。

图7-2 服装花型配套2

图7-3 床上用品花型配套

7.3 风格的配套

　　任何图案都可能会趋向于某种风格，在纺织品图案配套设计中，即使图案的花型、色彩和肌理等都不一样，只要在图案风格上寻求一致性，同样可以取得和谐配套的效果，如东方民族风格、中式传统风格、欧式古典风格、温馨田园风格、现代简约风格和波普风格等。图7-7中的裙子为花卉图案，风衣为复杂的装饰纹样，风格上都属于比较繁复的古典风格，所以搭配在一起也很协调。图7-8中沙发上的每个靠垫图案都不一样，但因为都是现代简约的水墨装饰风格，使得整个客厅简约大方，具有时尚感。

图7-4 色彩的配套

图7-5 服装色彩配套

图7-6 床上用品色彩配套

图7-7 服装图案的风格配套

7.4　综合配套

指将以上几种方法灵活组合运用，如花型和风格均配套，花型和色彩均配套，色彩和风格均配套，花型、色彩、风格全部配套等。共同的因素越多，配套的感觉越强，但要避免配套过于单调呆板，始终把握"统一中求变化、变化中求统一"的配套设计原则。

图7-8 客厅纺织品图案的风格配套

第 8 章 纺织品图案的应用实例

8.1 在服饰面料上的应用

服饰面料的图案设计既可以是连续形式的匹料设计，也可以针对某一服饰进行件料设计，包括对领口、袖口、衣摆、裙摆、胸部、背部、腰部、肩部等部位的局部装饰和对整件服装的整体设计。

男装图案应用

男装装饰图案题材广泛，最常见的主要有植物花卉、格纹、条纹、不规则几何纹、海洋元素和动物野兽等，尽显男士的阳刚之气（图8-1~图8-11）。

图8-2 男装装饰花卉图案 品牌AIVEI

图8-3 男装变形花卉图案 品牌EGOU

图8-1 男装写实花卉图案 品牌梦特娇

图8-4 男装小碎花图案 品牌EGOU

图8-5 男装格子图案 品牌金利来

图8-6 男装棋格纹 品牌梦特娇

图8-7 男装几何纹 品牌花花公子

图8-9 男装海洋元素图案 品牌THE PANG

图8-8 男装条纹 品牌CAMEL

图8-10 男装龙纹 品牌梦特娇

图8-11 男装虎纹

女装图案应用

女装装饰图案题材最为丰富，有植物花卉、几何图案、肌理图案、动物飞禽、动物皮毛纹、古典纹样等，突出女性的柔美之姿（图8-12～图8-39）。

图8-12 女装写实花卉图案 品牌NAIXIN

图8-13 女装写意花卉图案 品牌EP

图8-14 女装折枝花卉图案 品牌丹慕妮尔

图8-15 女装植物图案 品牌MIZZO

图8-16 女装几何图案 品牌DEBRUTH

图8-17 女装肌理图案 品牌丹慕妮尔

图8-19 女装豹纹图案 品牌NAIXIN

图8-20 女装佩兹利古典纹样 品牌MICCBEIRN

图8-18 女装飞禽图案 品牌EP

图8-21 学生作业 王娜

图8-23 学生作业 伍雯婷

图8-24 学生作业 赵倩倩

图8-22 学生作业 余兰

图8-25 学生作业 白林涛

图8-26 学生作业

图8-28 学生作业 郑佳慧

图8-27 学生作业 李玉

图8-29 学生作业 卿心

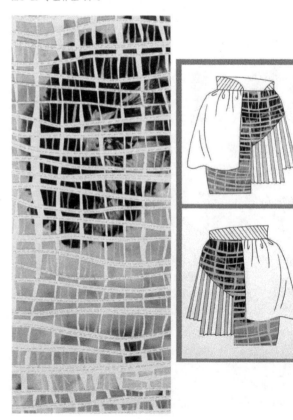

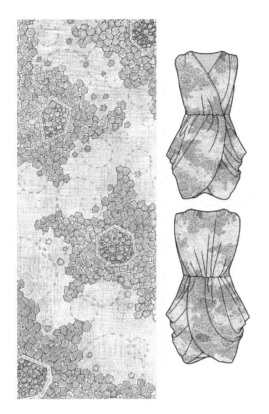

图8-30 学生作业 郑佳慧

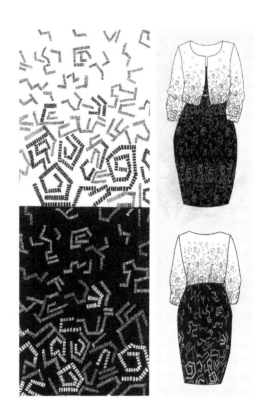

图8-32 学生作业 马花花

图8-31 学生作业 张润娇

图8-33 学生作业 杨文静

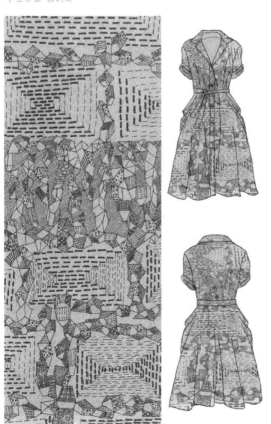

图8-34 学生作业 李亚萍

图8-36 学生作业 颜念忠

图8-35 学生作业 郑重

图8-37 学生作业 王萌

服饰配件图案应用

服饰配件，本书中主要指男士的领带和女士的围巾，因为它们是服装配饰中最重要的两大类，可以给整套服装起到画龙点睛的作用，所以其图案设计不容忽视（图8-40～图8-67）。

图8-38 学生作业 王迪

图8-40 领带小碎花图案　品牌爱马仕

图8-41 领带古典纹样　品牌Robert Talbott

图8-42 领带波点图案和条纹图案　品牌Vintage British

图8-39 学生作业 熊泽燕

图8-43 领带条纹图案　品牌Forever Now

图8-44 领带几何图案　品牌雅戈尔

图8-45 领带抽象图案　品牌Vintage British

图8-46 方巾1　品牌爱马仕

图8-47 方巾2　品牌爱马仕

图8-48 方巾3　品牌爱马仕

图8-49 方巾4　品牌爱马仕

图8-50 方巾5　品牌爱马仕

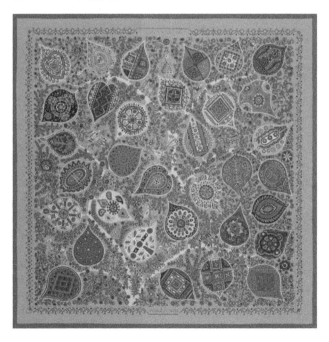

图8-51 方巾6 品牌爱马仕

图8-52 方巾7 品牌爱马仕

图8-53 方巾8 品牌爱马仕

图8-54 方巾9 品牌一米画纱

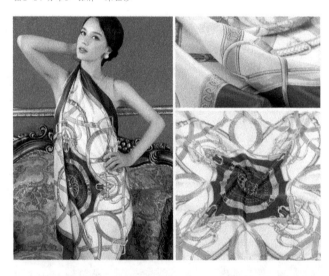

图8-55 方巾10 品牌一米画纱

图8-56 方巾11 品牌一米画纱

图8-57 方巾12　品牌一米画纱

图8-58 方巾13　品牌一米画纱

图8-59 方巾14　品牌一米画纱

图8-60 方巾15　品牌一米画纱

图8-61 方巾16　品牌一米画纱

图8-62 方巾17　品牌一米画纱

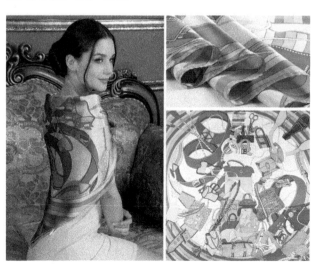

图8-63 长巾1 品牌少女之家

图8-64 长巾2 品牌少女之家

图8-65 长巾3 品牌少女之家
图8-66 长巾4 品牌少女之家

图8-67 长巾5 品牌少女之家

8.2 在家纺面料上的应用

家纺面料的图案设计和服装面料一样，既可以是四方连续图案，也可以是从产品整体出发的独幅设计，或称定位花设计。无论是哪种形式的设计，家纺面料的图案和色彩都要与室内装修的风格协调一致，而且每个室内空间的纺织品都要遵循整体配套的设计原则，这样才能同时满足人们的实用需求和审美需求。

卧室纺织品图案

卧室是用来睡眠和休息的场所，是一个富有安全感、安静舒适的空间，卧室常用纺织品主要是床上用品，另外还有窗帘、地毯等。图8-68～图8-86是床上用品图案的配套设计和应用实例，一般把被套外层的花纹称为A版，被里的花纹成为B版，枕头的花纹称为C版、D版等。

客厅纺织品图案

客厅是家居环境中最大的生活空间，也是家庭的活动中心，它的主要功能是家庭会客、看电视、听音乐、家庭成员聚谈等。客厅常用纺织品主要有沙发、窗帘、地毯、靠垫、纤维艺术等。图8-87～图8-97是客厅纺织品图案的配套设计和应用实例。

餐厅纺织品图案

餐厅的功能除了用餐，现在也可以聚会、聊天和临时办公。餐厅常用纺织品主要有窗帘、桌布、桌旗、餐巾、椅垫、靠垫等。图8-98～图8-111是餐厅纺织品的图案设计和应用实例。

儿童房纺织品图案

儿童房是一个供儿童休息、玩耍、活动的安全场所。儿童房常用纺织品有儿童床上用品、窗帘、抱枕、地毯、布艺玩偶等。图8-112～图8-128是儿童房床上用品的配套设计和应用实例。

图8-68 学生作业 刘璐

A版

C版

B版

A版　　　　　　　　　　　　　　　　　　效果图

图8-69 学生作业 窦艳荷

图8-70 学生作业 王子寒

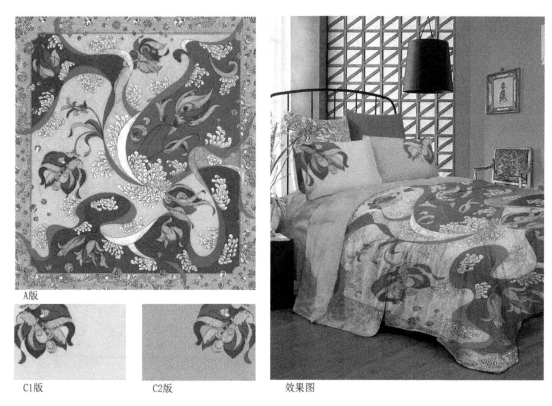

A版

C1版　　　C2版　　　效果图

图8-71 生作业 戴余珠

图8-72 学生作业 万琪琪

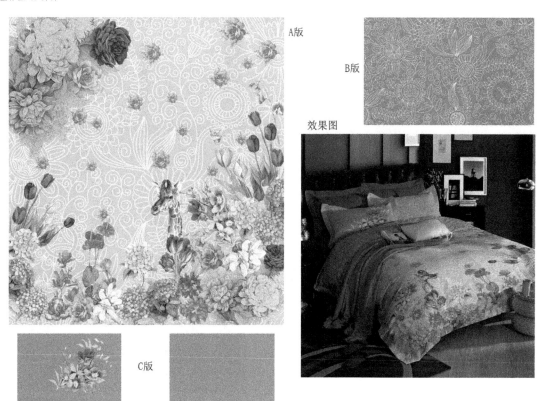

A版

B版

效果图

C版

图8-73 学生作业 周文文

图8-74 学生作业 范静琳

图8-75 学生作业 朱晓怡

图8-76 学生作业 周琦

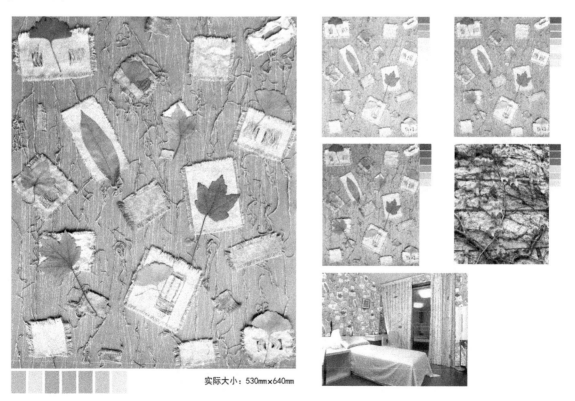

实际大小：530mm×640mm

图8-77 学生作业 李敏

图8-78 学生作业 杨桂英

A版

B版　　C版

效果图

图8-79 学生作业 杨超超

图8-80 学生作业 张奇

A 版

B 版　　C 版

效果图 1　　效果图 2

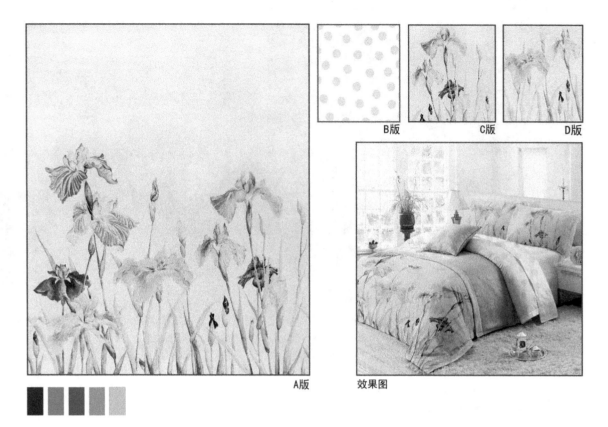

图8-81 学生作业 刘燕娟

图8-82 学生作业 李敏

图8-83 学生作业 言烨萍

图8-84 学生作业 刘璐

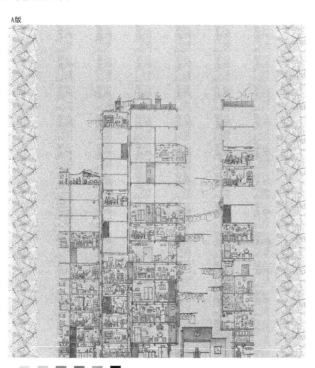

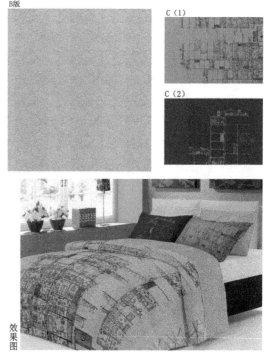

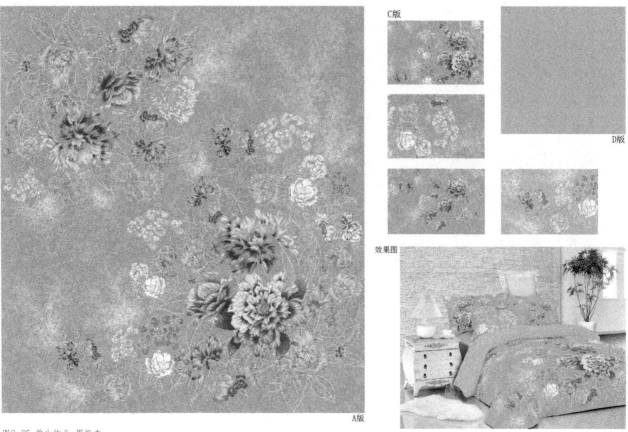

图8-85 学生作业 周振杰

图8-86 学生作业 邢益露

图8-87 学生作业 董馨韵

图8-88 学生作业 林娜

主花接版　　窗帘图案

效果图

图8-89 学生作业 谈静

图8-90 学生作业 杜芳芳

图8-91 学生毕业设计 王赛、王卿、刘亚茹、孟恬然、李甜曲

图8-92 学生毕业设计 周颖、文西林、吴秀华、曹又丹、郑柳柳

图8-93 学生作业 邢益露

图8-94　学生作业　刘敏

图8-95 学生作业 贺分分

图8-96 学生作业 林乃静

图8-97 学生作业 林乃静

图8-98 学生作业 方江甜

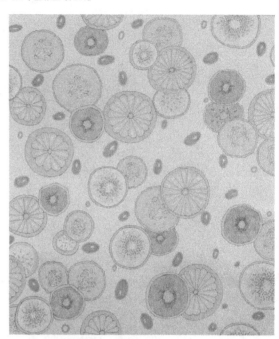

图8-99 学生作业 周颖

图8-100 学生作业 杨静

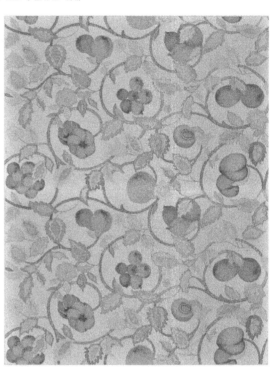

图8-101 学生作业 梁敏依

图8-102 学生作业 刘畅

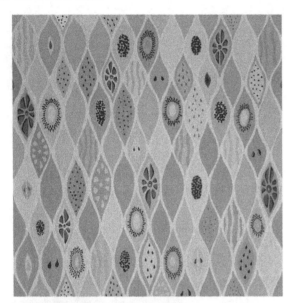

图8-103 学生作业 高安琪

图8-104 学生作业 王虹

图8-105 学生作业 徐洋

图8-106 学生作业 谢婧

图8-107 学生作业 王卿

图8-108 学生作业 张清慧

图8-109 学生作业 刘明月

图8-110 学生作业 郑柳柳

图8-111 学生作业 孟恬然

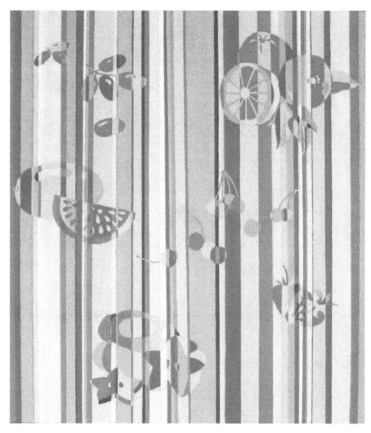

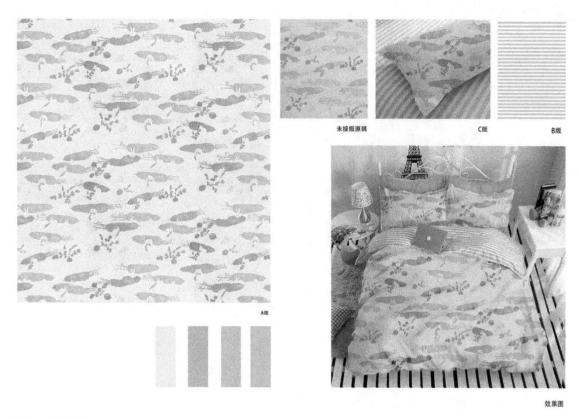

图8-112 学生作业 刘冰琪

图8-113 学生作业 刘贤悦

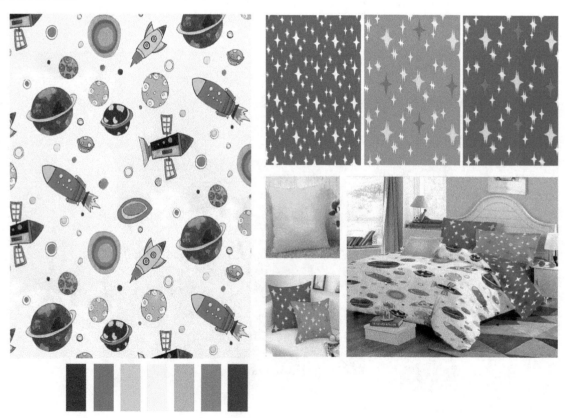

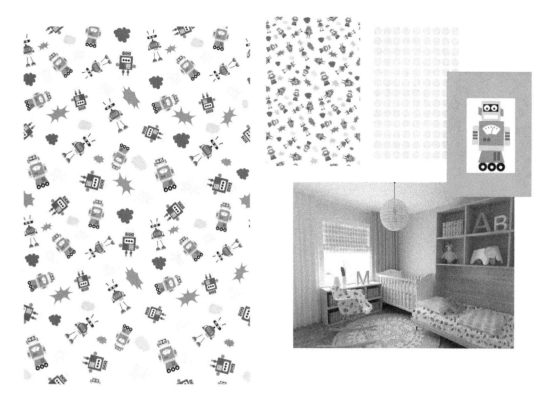

图8-114 学生作业 范静琳

图8-115 儿童画创作（8岁）浦逸琛

图8-116 学生作业 彭涵

图8-117 学生作业 杨桂英

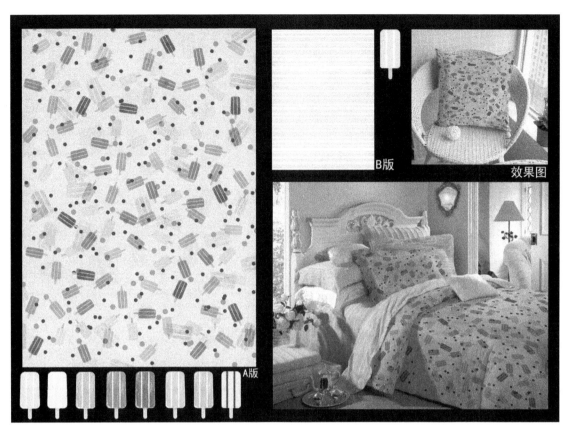

图8-118 学生作业 贺分分

图8-119 学生作业 黄丹阳

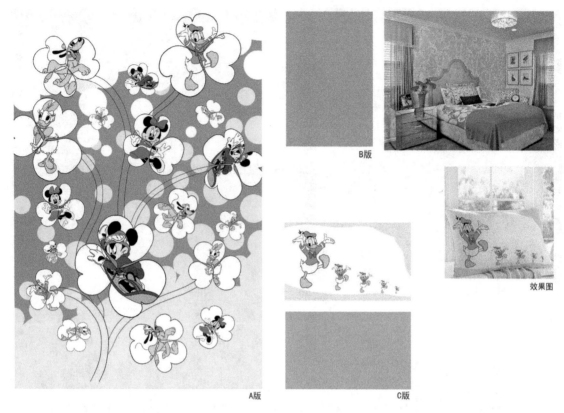

图8-120 学生作业 李妍

图8-121 学生作业 周振杰

图8-122 学生作业 李敏

图8-123 学生作业 刘敏

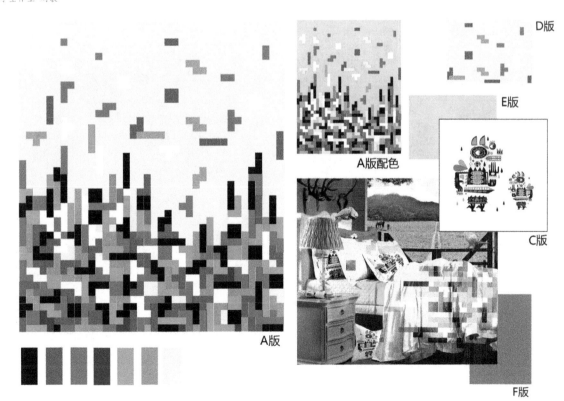

图8-124 学生作业 刘世秀

图8-125 学生作业 杨梦雅

图8-126 学生作业 杜芳芳

（A1）

B版

C版

A版

图8-127 学生作业 谈静

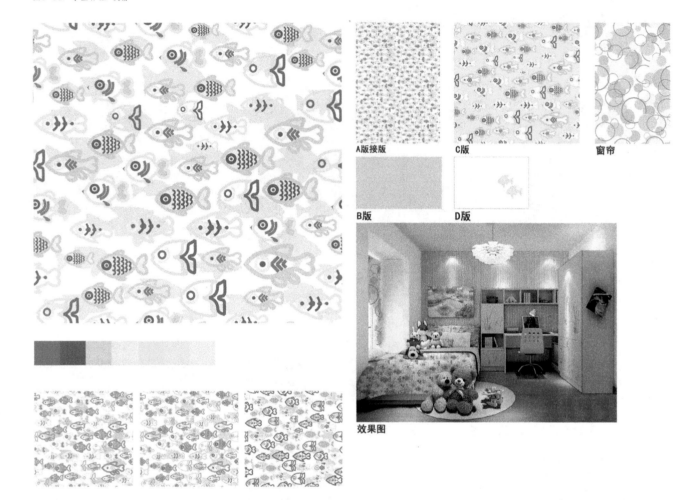

A版接版　　　　C版　　　　　窗帘

B版　　　　　D版

效果图

图8-128 学生作业 陈慧慧

参考文献

[1] 徐雯. 服饰图案[M]第2版. 北京：中国纺织出版社，2013.

[2] 张建辉，王福文. 家用纺织品图案设计与应用[M]. 北京：中国纺织出版社，2015.

[3] 徐百佳. 纺织品图案设计[M]. 北京：中国纺织出版社，2009.

[4] 黄国松. 染织图案设计高级教材[M]. 上海：上海人民美术出版社，2005.

[5] 汪芳. 染织图案设计教程[M]. 上海：东华大学出版社，2008.

[6] 周李钧. 现代绣花图案设计[M]. 北京：中国纺织出版社，2008.

[7] 潘文治等. 印花设计[M]. 武汉：湖北美术出版社，2006.